石油及天然气井筒作业现场安全评价技术
汽车吊装作业

中国石油集团川庆钻探工程有限公司长庆石油工程监督公司 编

石油工业出版社

内容提要

本书总结了石油及天然气井筒作业现场汽车吊装作业安全评价技术方面的实践经验，基于从源头防范化解重大安全风险的目的，结合现场实际，对存在的危险、有害因素进行识别与分析，判断危害的可能性及其严重程度，并提出科学、合理、可行的安全对策和措施建议。主要内容包括安全评价的基本概念与基础知识、常用安全评价方法、汽车吊装作业危害辨识、汽车吊装作业评价单元划分与安全评价技术等。

本书可作为汽车吊装作业工作人员及安全评价领域工作人员的学习和培训用书。

图书在版编目（CIP）数据

石油及天然气井筒作业现场安全评价技术 . 汽车吊装作业 / 中国石油集团川庆钻探工程有限公司长庆石油工程监督公司编 . -- 北京：石油工业出版社，2025.3.
ISBN 978-7-5183-7343-7

Ⅰ . TE28

中国国家版本馆 CIP 数据核字第 20258QA828 号

出版发行：石油工业出版社
　　　　（北京安定门外安华里 2 区 1 号楼　100011）
　　　　网　　址：www.petropub.com
　　　　编辑部：（010）64523553　　图书营销中心：（010）64523633
经　　销：全国新华书店
印　　刷：北京中石油彩色印刷有限责任公司

2025 年 3 月第 1 版　2025 年 3 月第 1 次印刷
787 毫米 ×1092 毫米　开本：1/16　印张：7.75
字数：116 千字

定价：78.00 元
（如出现印装质量问题，我社图书营销中心负责调换）
版权所有，翻印必究

编委会

主　任：杨勇平　李　明
委　员：张锁辉　杨　雄　杨　波　文化武　秦等社
　　　　　米秀峰　代　波　苗庆宁　李正君　王　勇

编写组

主　编：秦等社
副主编：覃冬冬
成　员：（以姓氏笔画为序）
　　　　　王立刚　王昱昀　田　伟　许　祈　阮存寿
　　　　　李　伟　李　浩　李　瑛　邱晓翔　迟天一
　　　　　周明军　周赟玺　星学平　钱　宇　徐　航
　　　　　高赛男　程国锋　湛　兵　薛国梁

前 言

PREFACE

石油及天然气钻井、试油等井筒施工企业，野外流动性强、大型特种设备众多、自然环境恶劣、多工种联合作业协调管理难度大。在设备搬迁、物资拉运过程中，往往由于吊装作业管理不善而引发生产安全事故，造成人员伤亡、设备损毁和财产损失。这些事故不仅暴露了施工企业在安全生产管理上的薄弱环节，也警示必须采取更加科学、系统、有效的措施来加强吊装作业的安全管理。

党的十八大以来，习近平总书记多次提出安全生产重要论述，充分体现出了人民至上、生命至上的发展思想和治国理念。习近平总书记也特别强调，要坚持安全第一、预防为主的方针，建立大安全大应急框架，完善公共安全体系，推动公共安全治理模式向事前预防转型。要健全风险防范化解机制，坚持从源头上防范化解重大安全风险，真正把问题解决在萌芽之时、成灾之前。这些重要论述，正指导着石油钻探行业的安全生产工作。

本书正是基于从源头防范化解重大安全风险的考虑，依据最新的安全生产法律、法规、标准和制度，结合现场实际，从危害辨识入手，利用检查表（SCL）、预先危险分析（PHA）、工作安全分析（JSA）、事件树（ETA）、事故树/故障树（FTA）、危险和可操作性研究（HAZOP）、人员可靠性分析法（HRA）、故障类型及影响分析（FMEA）等评价工具，通过系统安全评价，全面分析评价汽车吊装中各个环节的危害因素及产生根源，从汽车吊装人员能力评价、起重机和吊索具检查、环境风险防范、吊点设计、关键设备吊装等方面提出预防控制措施，系统、科学地提升汽车吊装作业安全。

希望通过本书的出版，能够为石油及天然气钻井、试油等井筒施工企业的安全生产管理提供有益的参考和借鉴，推动企业在追求经济效益的同时，更加重视安全生产工作，不断提升安全生产管理水平，为实现企业可持续发展和社会和谐稳定贡献力量。

因本书作者水平有限，难免有遗误之处，恳请广大读者批评指正。

2025 年 1 月
西安

目 录

CONTENT

第一章　基本概念 …………………………………… 1
第一节　安全和危险 ………………………… 1
第二节　事故 ………………………………… 1
第三节　危险与风险 ………………………… 2
第四节　系统和系统安全 …………………… 2
第五节　安全系统工程 ……………………… 3
第六节　安全评价 …………………………… 3

第二章　安全评价基础知识 …………………………… 4
第一节　安全评价的内容 …………………… 4
第二节　安全评价的分类 …………………… 5
第三节　安全评价的程序 …………………… 6
第四节　评价单元的划分 …………………… 7

第三章　常用安全评价方法 …………………………… 9
第一节　安全检查表分析法 ………………… 9
第二节　故障假设分析法 …………………… 10
第三节　故障假设分析／检查表分析法 …… 11
第四节　预先危险分析法 …………………… 11
第五节　危险和可操作性研究 ……………… 12
第六节　故障类型和影响分析 ……………… 13

第七节　故障树分析法 …………………… 14
　　第八节　事件树分析法 …………………… 15
　　第九节　人员可靠性分析法 ……………… 16
　　第十节　作业条件危险性分析法 ………… 17
　　第十一节　风险矩阵法 …………………… 17

第四章　汽车吊装作业危害辨识 …………………… 20
　　第一节　辨识方法和辨识依据 …………… 20
　　第二节　评价模型 ………………………… 21
　　第三节　吊装作业现场常见事故隐患 …… 32

第五章　汽车吊装作业评价单元划分
　　　　　与安全评价技术 ………………………… 44
　　第一节　汽车吊装作业评价单元划分 …… 44
　　第二节　单元一评价模型建立及评价标准 ………… 45
　　第三节　单元二评价模型建立及评价标准 ………… 64
　　第四节　单元三评价模型建立及评价标准 ………… 70
　　第五节　单元四评价模型建立及评价标准 ………… 75
　　第六节　单元五评价模型建立及评价标准 ………… 106
　　第七节　单元六评价模型建立及评价标准 ………… 110

参考文献 ………………………………………… 113

第一章 基本概念

第一节 安全和危险

安全和危险是一对互为存在前提的术语。

危险通常指的是某种可能引发伤害、损害或不良后果的潜在因素或情况。系统危险性由系统中的危险因素决定，危险因素与危险之间具有逻辑上的因果关系。

安全是指不会发生损失或伤害的一种状态，即所谓"无危则安、无损则全"。安全的实质是防止事故，消除导致死亡、伤害、急性职业危害及各种财产损失发生的条件。例如，在生产过程中，导致灾害性事故的原因有人的误判断、误操作、违章指挥或违章作业、设备缺陷、安全装置失效、防护器具故障、作业方法不当、作业环境不良、应急处置失误等，所有这些又涉及设计、施工、操作、维修、储存、运输及经营管理等方面，因此必须从系统的角度观察、分析，并采取综合方法消除危险，才能达到安全的目的。

第二节 事 故

按照伯克霍夫的定义，事故是人（个人或集体）为实现某种意图而进行的活动过程中，突然发生的、违反人的意志的、迫使活动暂时或永久停止的事件。

意外事件的发生可能造成事故，也可能并未造成任何事故。对于没有造成死亡、伤害、职业病、财产损失或其他损失的事件可称之为"未遂事件"或"未遂过失"。

作为安全工程研究对象的事故，主要指那些可能带来人员伤亡、财产损失或环境污染的事故。因此，可以对事故做如下定义：事故是在人们生产、生活活动过程中突然发生的、违反人们意志的、迫使活动暂时或永久停止、可能造成人员伤害、财产损失或环境污染的意外事件。

第三节　危险与风险

危险是客观存在的，可能导致事故的现有的或潜在的根源或状态。

风险是衡量危险性的指标，是某一有害事故发生的可能性与事故后果的组合。风险是可以按照人们的意志而改变的，不仅意味着不希望事件状态的存在，更意味着不希望事件转化为事故的渠道和可能性，可将风险表达为事件发生概率及后果的函数：

$$R=f(P, L)$$

式中：

R——风险；

P——事件发生概率；

L——事件发生后果。

第四节　系统和系统安全

系统是指由若干相互联系的、为了达到一定目标而具有独立功能的要素所构成的有机整体。对于生产系统而言，系统的构成主要包括人员、物资、设备、资金、任务指标和信息等。

系统安全是指在系统生命周期内，应用安全系统工程的原理和方法，识别系统中的危险源，定性或定量表征其危险性，并采取控制措施使其危险性最小化，从而使系统在规定的性能、时间和成本范围内达到最佳的可接受安全程度。因此，在生产中为了确保系统安全，需要按照安全系统工程的方法，对系统进行深入分析和评价，及时发现系统中存在的或潜在的各类危险和危害，提出应采取的解决方案和途径。

第五节　安全系统工程

安全系统工程是以预测和预防事故为中心，以识别、分析、评价和控制系统风险为重点，开发、研究出来的安全理论和方法体系。它将工程和系统的安全问题作为一个整体，应用科学的方法对构成系统的各个因素进行全面的分析，判明各种状况下危险因素的特点及其可能导致的灾害性事故，通过定性和定量分析对系统的安全性作出预测和评价，将系统事故降到最低的可接受限度。危险源辨识、风险评价、控制措施是安全系统工程的基本内容，其中危险源辨识是风险评价和风险控制的基础。

第六节　安全评价

安全评价（也称风险评价或危险评价），是以实现工程和系统的安全为目的，应用安全系统工程的原理和方法，对工程和系统中存在的危险及有害因素进行识别与分析，判断工程和系统发生事故和职业病的可能性及其严重程度，提出安全对策及建议，从而为工程和系统制订防范措施和管理决策提供依据。

安全评价既需要安全评价理论支撑，又需要理论与实践相结合，两者缺一不可。

第二章　安全评价基础知识

安全评价也被称为风险评价或危险评价，它是以实现工程、系统工程、系统安全为目的，应用安全系统工程的原理和方法，对工程、系统中存在的危险、有害因素进行识别与分析，判断工程、系统发生事故和急性职业危害的可能性及其严重程度，并提出科学、合理、可行的安全对策措施建议，从而为工程、系统制定防范措施和管理决策提供科学依据。安全评价过程涉及对特定功能的工作系统中固有的或潜在的危险及其严重程度进行定量的表示，并根据定量值的大小决定采取预防或防护对策，以寻求最低的事故率、最少的损失和最优的安全效益。

第一节　安全评价的内容

安全评价是一个利用安全系统工程原理和方法，识别和评价系统及工程中存在的风险的过程，这一过程包括危险危害因素及重大危险源辨识、重大危险源危害后果分析、定性及定量评价、提出安全对策措施等内容。安全评价的基本内容如图2-1所示。

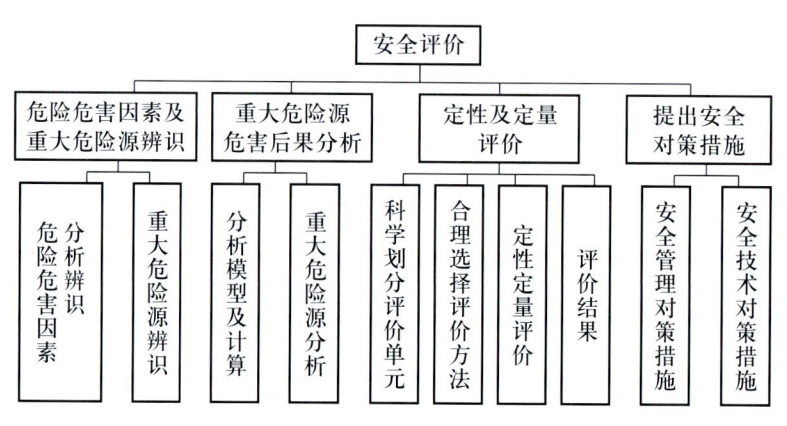

图2-1　安全评价基本内容

一、危险危害因素及重大危险源辨识

根据被评价对象，识别和分析危险危害因素，确定危险危害因素的分布、存在的方式，事故发生的途径及其变化规律；按照《生产过程危险和有害因素分类与代码》（GB/T 13861—2022）进行重大危险源辨识，确定重大危险源。

二、重大危险源危害后果分析

选择合适的分析模型，对重大危险源的危害后果进行模拟分析，为制订安全对策措施和事故应急救援预案提供依据。

三、定性及定量评价

划分评价单元，选择合理的方法，对工程和系统中存在的事故隐患和发生事故的可能性和严重程度进行定性及定量评价。

四、提出安全对策措施

提出消除或减少危害因素的技术和管理对策措施及建议。

第二节 安全评价的分类

通常根据工程和系统的生命周期和评价的目的，将安全评价分为安全预评价、安全验收评价、安全现状评价和安全专项评价四类。

一、安全预评价

在项目建设前，应用安全评价的原理和方法对该项目的危险性、危害性进行预测性评价。安全预评价以拟建设项目作为评价对象，根据项目可行性研究报告内容，分析和预测该项目可能存在的危险及有害因素的种类和程度，提出合理可行的安全对策措施及建议。

二、安全验收评价

在建设项目竣工验收之前、试生产运行正常之后，通过对建设项目的设施、设备、装置实际运行状况及管理状况的安全评价，查找该项目投产后存在的危险、有害因素，确定其影响程度，提出合理可行的安全对策措施及建议。

三、安全现状评价

针对系统及工程的安全现状进行的安全评价，通过评价找出其存在的危险、有害因素，确定其影响程度，提出合理可行的安全对策措施及建议。

四、安全专项评价

根据政府有关管理部门的要求，对专项安全问题进行的专题安全分析评价，一般是针对某一项活动或某一个场所，如一个特定的行业、产品、生产方式、生产工艺或生产装置等存在的危险及有害因素进行的安全评价，目的是查找其存在的危险、有害因素，确定其影响程度，提出合理可行的安全对策措施及建议。

第三节 安全评价的程序

安全评价的基本程序主要包括：准备阶段、危险有害因素辨识与分析、定性定量评价、提出安全对策措施、形成安全评价结论及建议、编制安全评价报告。安全评价程序如图 2-2 所示。

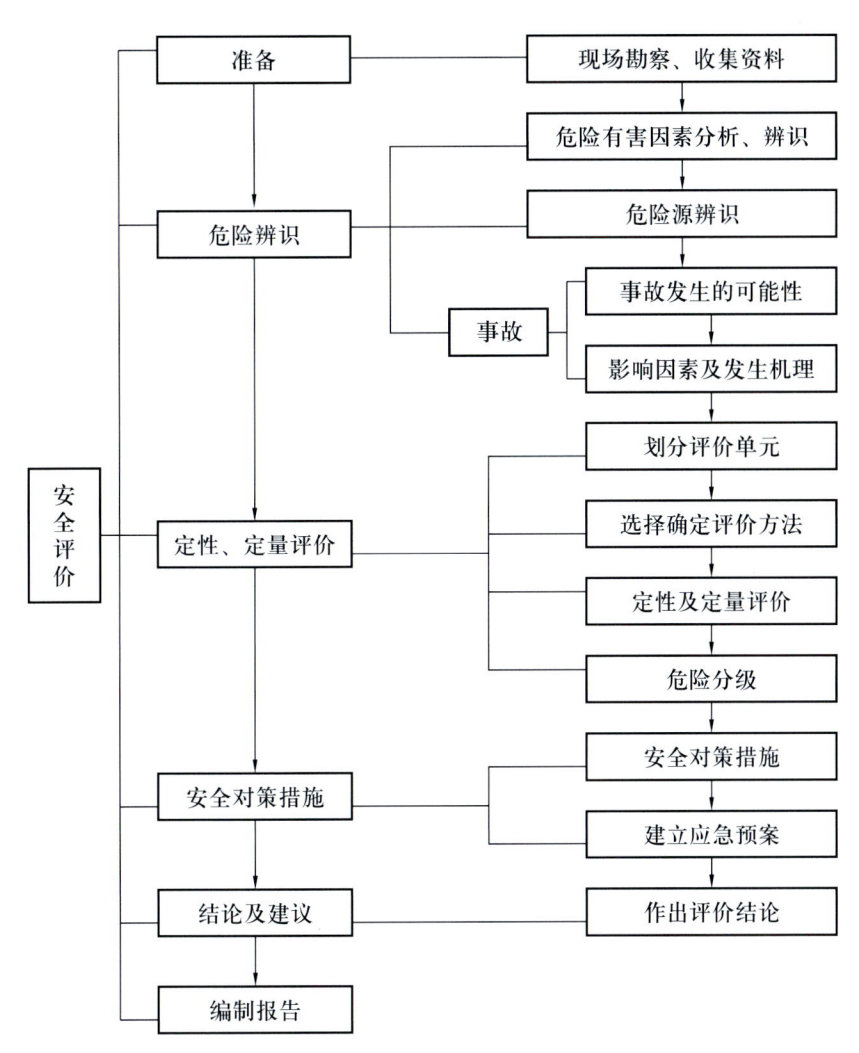

图 2-2　安全评价的基本程序

第四节　评价单元的划分

评价单元就是在危险、有害因素辨识与分析的基础上，根据评价目标和评价方法的需要，将系统分成有限的、确定范围的单元。将系统划分为不同类型的评价单元进行评价，不仅可以简化评价工作、减少评价工作量、避免遗漏，而且由于能够得出各评价单元危险性的比较概念，避免了以最危险单元的危险性表征整个系统的危险性，进而夸大整个系统危险性的可能，从而提高了评价的准确性，降低了采取对策措施所需的安全投入。常用的评价单元划分方法有以下两类：

（1）以危险、有害因素的类别为主划分评价单元。例如：将存在起重伤害、车辆伤害、高处坠落等危险因素的各个码头装卸区域作为一个评价单元。

（2）以装置和物质特征划分评价单元。例如：将根据以往事故资料，将发生事故时能导致停产、波及范围大、能造成巨大损失和伤害的关键设备作为一个评价单元。

第三章　常用安全评价方法

安全评价方法是以实现工程、系统工程、系统安全为目的，应用安全系统工程的原理和方法，对工程、系统中存在的危险、有害因素进行识别、分析与评价的过程。这一过程不仅限于对单一因素的考量，而是综合了多种因素，包括物理、化学、生物、社会心理等各个方面，以全面、系统地评估工程或系统的安全性。本章主要介绍安全检查表分析法（SCA）、故障假设分析法（What…If，WI）、故障假设分析/检查表分析法（What…If/Checklist Analysis，WI/CA）、预先危险分析法（PHA）、危险和可操作性研究（HAZOP）、故障类型和影响分析（FMEA）、故障树分析法（FTA）、事件树分析法（ETA）、人员可靠性分析法（HRA）、作业条件危险性分析法（LEC）、风险矩阵法（LS）等方法，在安全评价过程中，这些方法往往不是孤立使用的，而是根据具体情况选择一种或多种方法进行组合应用。通过综合运用这些安全评价方法，可以更加全面、准确地评估工程或系统的安全性，为制定有效的安全管理措施和决策提供科学依据。

第一节　安全检查表分析法

安全检查表分析法是依据相关的标准、规范，对工程和系统中已知的危险类别、设计缺陷，以及与一般工艺设备、操作、管理有关的潜在危险性和有害性进行判别检查的方法。评价过程中，为了查找工程和系统中各种设备、设施、物料、工件、操作及管理和组织实施中的危险和有害因素，事先把检查对象加以分类，将大系统分割成若干小的系统，以提问或打分的形式，将检查项目列表逐项检查。

一、安全检查表的编制依据

（1）国家、地方的相关安全法规、规定、规程、规范和标准，行业、企业的规章制度、标准及企业安全生产操作规程。

（2）国内外行业、企业事故案例。

（3）行业及企业安全生产的经验，特别是本企业安全生产的实践经验，引发事故的各种潜在不安全因素及成功杜绝或减少事故发生的成功经验。

（4）系统安全分析结果，即为防止重大事故的发生而采用事故树分析方法，对系统进行分析得出能导致引发事故的各种不安全因素的基本事件，作为防止事故控制点源列入检查表。

二、安全检查表的编制步骤

（1）熟悉系统：包括系统的结构、功能、工艺流程、主要设备、操作条件、布置和已有的安全消防设施。

（2）搜集资料：搜集有关的安全法规、标准、制度及本系统过去发生过事故的资料，作为编制安全检查表的重要依据。

（3）划分单元：按功能或结构将系统划分成若干个子系统或单元，逐个分析潜在的危险因素。

（4）编制检查表：针对危险因素，依据有关法规、标准规定，参考过去事故的教训和本单位的经验确定安全检查表的检查要点、内容和为达到安全指标应在设计中采取的措施，然后按照一定的要求编制检查表。

（5）编制复查表，其内容应包括危险、有害因素明细，是否落实了相应设计的对策措施，能否达到预期的安全指标要求，遗留问题及解决办法和复查人等。

第二节　故障假设分析法

故障假设分析法是一种对系统工艺过程或操作过程的创造性分析方法，要求评价人员用"What…If"开头，对任何与工艺安全有关的问题都记录下来，然后分门别类进行讨论，找出危险、可能产生的后果、已有安全保护装置和措施、可能的解决方法等，以便采取对应的措施。

故障假设分析法由三个步骤组成，即分析准备、完成分析、编制结果文件。评价结果一般以表格的形式显示，主要内容包括提出的问题、回答可能的后果、降低或消除危险性的安全措施。

第三节 故障假设分析/检查表分析法

故障假设分析/检查表分析法是将故障假设分析法与安全检查表法组合而成的一种分析方法，可用于工艺项目的任何阶段，一般主要对过程中的危险进行初步分析，然后可用其他方法进行更详细的评价。

故障假设分析/检查表分析法分析步骤主要包括：

（1）分析准备。
（2）构建一系列的故障假定问题和项目。
（3）使用安全检查表进行补充。
（4）分析每一个问题和项目。
（5）编制分析结果文件。

第四节 预先危险分析法

预先危险分析法又称初步危险分析，用于对危险物质和装置的主要区域进行分析，包括在设计、施工和生产前，对系统中存在的危险性类别、出现条件、事故导致的后果进行分析，其目的是识别系统中潜在的危险，确定其危险等级，防止发生事故。通常用在对潜在的危险了解较少和无法凭经验察觉的工艺项目的初期阶段。

一、预先危险分析的主要步骤

（1）通过经验判断、技术诊断或其他方法调查确定危险源（即危险因素存在于哪个子系统中），对所需分析系统的生产目的、物料、装置及设备、工艺过程、操作条件及周围环境等，进行充分详细的了解。

（2）根据过去的经验教训及同类行业生产中发生的事故或灾害情况，对系统的影响、损坏程度，类比判断所要分析的系统中可能出现的情况，查找能够造成系统故障、物质损失和人员伤害的危险性，分析事故或灾害的可能类型。

（3）对确定的危险源分类，制成预先危险性分析表。

（4）转化条件，即研究危险因素转变为危险状态的触发条件和危险状态转变为事故（或灾害）的必要条件，并进一步寻求对策措施，检验对策措施的有效性。

（5）进行危险性分级，排列出重点和轻、重、缓、急次序，以便处理。

（6）制订事故或灾害的预防性对策措施。

二、预先危险分析的等级划分

为了评判危险、有害因素的危害等级及它们对系统破坏性的影响大小，预先危险性分析法给出了各类危险性的划分标准。该法将危险性的划分为4个等级：

（1）Ⅰ安全的：不会造成人员伤亡及系统损坏。

（2）Ⅱ临界的：处于事故的边缘状态，暂时还不至于造成人员伤亡。

（3）Ⅲ危险的：会造成人员伤亡和系统损坏，要立即采取防范措施。

（4）Ⅳ灾难性的：造成人员重大伤亡及系统严重破坏的灾难性事故，必须予以果断排除并进行重点防范。

第五节　危险和可操作性研究

危险和可操作性研究是以系统工程为基础的一种定性的安全评价方法，基本过程是以引导词为引导，找出过程中工艺状态的变化（即偏差），然后分析偏差产生的原因、后果及可采取的措施。其本质就是通过会议对系统工艺流程图和操作规程进行分析，由各种专业人员按照规定的方法对偏离设计的工艺条件进行过程危险和可操作性研究。危险和可操作性研究分析评价流程如图3-1所示。

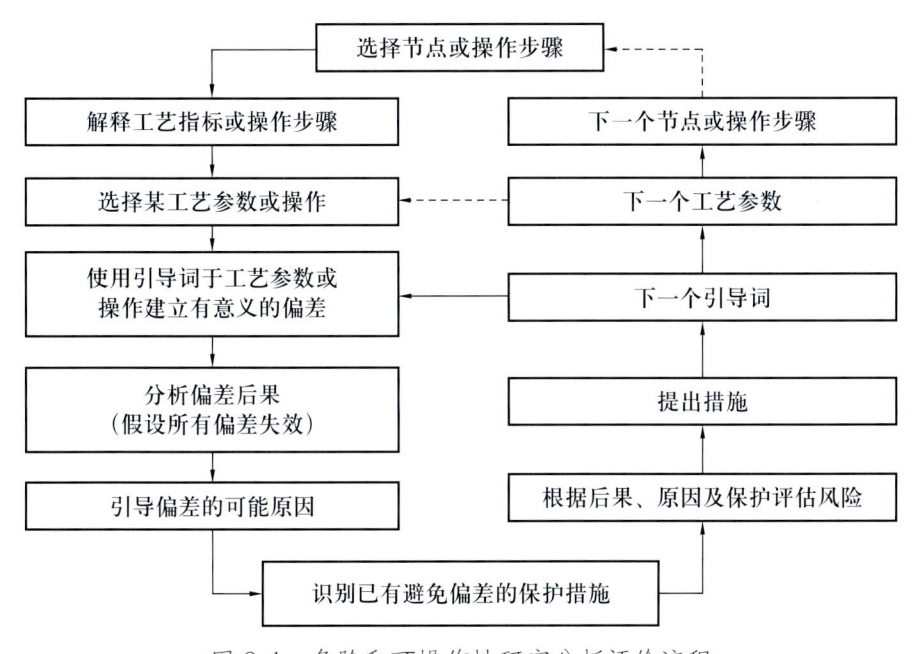

图 3-1　危险和可操作性研究分析评价流程

第六节　故障类型和影响分析

故障类型和影响分析是系统安全工程的一种方法，根据系统可以划分为子系统、设备和元件的特点，按实际需要将系统进行分割，然后分析各自可能发生的故障类型及其产生的影响，以便采取相应的对策，提高系统的安全可靠性。

故障类型和影响分析程序和主要步骤包括：

（1）确定 FMEA 的分析项目、边界条件（包括确定装置和系统的分析主题、其他过程和公共/支持系统的界面）。

（2）标识设备：设备的标识符是唯一的，它与设备图纸、过程或位置有关。

（3）说明设备：包括设备的型号、位置、操作要求，以及影响失效模式和后果、特征（如高温、高压、腐蚀）。

（4）分析故障模式：相对设备的正常操作条件，考虑如果改变设备的正常操作条件后所有可能导致的故障情况。

（5）说明对发现的每个失效模式本身所在设备的直接后果及对其他设备可能产生的后果，以及现有安全控制措施。

（6）进行风险评价。

（7）建议控制措施。

第七节　故障树分析法

故障树分析法又称事故树分析法，是一种描述事故因果关系的有方向的"树"。通常以系统可能发生或已经发生的事故（称为顶事件）作为分析起点，将导致事故发生的原因事件按因果逻辑关系逐层列出，用树形图表示出来，构成一种逻辑模型，然后定性或定量地分析事件发生的各种途径及发生的概率，找出避免事故发生的各种方案并选出最佳安全对策。

故障树分析评价程序及步骤主要包括：

（1）熟悉系统：要详细了解系统状态及各种参数，绘出工艺流程图或布置图。

（2）调查事故：收集事故案例，进行事故统计，设想给定系统可能发生的事故。

（3）确定顶事件：要分析的对象即为顶事件。对所调查的事故进行全面分析，从中找出后果严重且较易发生的事故作为顶事件。

（4）确定目标值：根据经验教训和事故案例，经统计分析后，求解事故发生的概率（频率），以此作为要控制的事故目标值。

（5）调查原因事件：调查与事故有关的所有原因事件和各种因素。

（6）画出故障树：从顶上事件起，逐级找出直接原因的事件，直至所要分析的深度，按其逻辑关系，画出故障树。

（7）分析：按故障树结构进行简化，确定各基本事件的结构重要度。

（8）事故发生概率：确定所有事故发生概率，标在故障树上，并进而求出顶事件（事故）的发生概率。

（9）比较：分可维修系统和不可维修系统进行讨论，前者要进行对比，后者求出顶事件发生概率即可。

第八节 事件树分析法

事件树分析法是用来分析普遍设备故障或过程被动（称为初始时间）导致事故发生的可能性的方法。它与事故树分析法刚好相反，是一种从原因到结果的自下而上的分析方法。评价中首先从一个初始时间开始，交替考虑成功与失败的两种可能性，然后再以这两种可能性作为新的初始时间，如此进行下去，直到找到最后结果。

事件树的编制程序和步骤主要包括：

（1）确定初始事件，初始事件是事故在未发生时，其发展过程中的危害事件或危险事件，如机器故障、设备损坏、能量外溢或失控、人的误动作等。

（2）判定安全功能，系统中包含许多安全功能，在初始事件发生时消除或减轻其影响以维持系统的安全运行。常见的安全功能主要有：对初始事件自动采取控制措施的系统，如自动停车系统等；提醒操作者初始事件发生了的报警系统；根据报警或工作程序要求操作者采取的措施；缓冲装置，如减振、压力泄放系统或排放系统等；局限或屏蔽措施等。

（3）绘制事件树，从初始事件开始，按事件发展过程自左向右绘制事件树，用树枝代表事件发展途径。首先考察初始事件一旦发生时最先起作用的安全功能，把可以发挥功能的状态画在上面的分枝，不能发挥功能的状态画在下面的分枝。然后依次考察各种安全功能的两种可能状态，把发挥功能的状态（又称成功状态）画在上面的分枝，把不能发挥功能的状态（又称失败状态）画在下面的分枝，直到到达系统故障或事故为止。

（4）简化事件树，在绘制事件树的过程中，可能会遇到一些与初始事件或与事故无关的安全功能，或者其功能关系相互矛盾、不协调的情况，需用工程知识和系统设计的知识予以辨别，然后从树枝中去掉，即构成简化的事件树。

（5）事件树的定性分析，在绘制事件树的过程中，根据事件的客观条件和事件的特征作出符合科学性的逻辑推理，找出导致事故的途径（即事故连锁）和预防事故的途径。

（6）事件树的定量分析，是指根据每一事件的发生概率，计算各种途径的事故发生概率，比较各个途径概率值的大小，作出事故发生可能性序列，确定最易发生事故的途径，为设计事故预防方案，制订事故预防措施提供有力的依据。

第九节　人员可靠性分析法

人员可靠性分析法主要研究人员行为的内在和外在影响因素，通过识别和改进行为成因要素，从而减少人为失误的机会，常用分析方法主要有人的失误率预测技术（THERP）、人的认知可靠性模型（HCR）和THERP+HCR模型。

一、人的失误率预测技术（THERP）

THERP模式主要基于人因可靠性事件树模型，它将人因事件中涉及的人员行为按事件发展过程进行分析，并在事件树中确定失效途径后进行定量计算。人因可靠性事件树描述人员进行操作过程一系列操作事件序列，按时间为序，以两态分支扩展，其每一次分叉表示该系统处理任务过程的必要操作，有成功和失败两种可能途径。因而某作业过程中的人因可靠性事件树，便可描述出该作业过程中一切可能出现的人因失误模式及其后果。对树的每个分枝赋予其发生的概率，则可最终导出作业成功或失败的概率。

二、人的认知可靠性模型（HCR）

HCR是用来量化作业班组未能在有限时间内完成动作概率的一种模式。它基于将系统中所有人员动作的行为类型，依据其是否为例行工作规程和培训程度等情况，分为技能型、规则型和知识型三种进行量化评价分析。

三、THERP+HCR模型

复杂人－机系统中人的行为均包括感知、诊断和操作三个阶段。若只用THERP法分析评价，则可能使人因事件中事实存在的诊断太粗糙；若只用HCR法分析评价，对具体操作又不如THERP法可反映出各类操作的不同失误特征。因此较好的方法是 THERP 与 HCR 相结合。在诊断阶段，用 HCR 方法对该阶段可能的人员响应失效概率进行评价，而对感知阶段和操作阶段中可能的失误用 THERP 方法评价，二者相互补充，共同构成一个有机整体。

人员可靠性分析法大多数情况下往往在其他安全评价方法（HAZOP/FMEA/FTA）之后使用，识别出具体的、有严重后果的人为失误。

第十节 作业条件危险性分析法

作业条件危险性分析法是用与系统风险率有关的三种因素的乘积来评价系统人员伤亡风险大小的，用公式表示为：

$$D = L \cdot E \cdot C$$

式中：

D——作业条件的危险性（D 值越大表明危险性越大）；

L——事故或危险事件发生的可能性；

E——暴露于危险环境的频率；

C——发生事故或危险事件的可能结果。

第十一节 风险矩阵法

风险矩阵法是利用辨识出每个作业单元可能存在的危害，并判定这种危害可能产生的后果及产生这种后果的可能性，二者相乘，得出所确定危害的风险，用公式表示为：

$$R = L \cdot S$$

式中：

R——风险值；

L——发生伤害的可能性；

S——发生伤害后果的严重程度。

从偏差发生频率、安全检查、操作规程、员工胜任程度、控制措施五个方面对危害事件发生的可能性（L）进行评价取值，取五项得分的最高的分值作为其最终的 L 值，见表 3-1。

表 3-1　风险矩阵评价法 L 值取值参考表

赋值	偏差发生频率	安全检查	操作规程	员工胜任程度（意识、技能、经验）	控制措施（监控、联锁、报警、应急措施）
5	每次作业或每月发生	无检查（作业）标准或不按标准检查（作业）	无操作规程或从不执行操作规程	不胜任（无上岗资格证、无任何培训、无操作技能）	无任何监控措施或有措施从未投用；无应急措施
4	每季度都有发生	检查（作业）标准不全或很少按标准检查（作业）	操作规程不全或很少执行操作规程	不够胜任（有上岗资格证，但没有接受有效培训、操作技能差）	有监控措施但不能满足控制要求，措施部分投用或有时投用；有应急措施但不完善或没演练
3	每年都有发生	发生变更后检查（作业）标准未及时修订或多数时候不按标准检查（作业）	发生变更后未及时修订操作规程或多数操作不执行操作规程	一般胜任（有上岗资格证、接受培训，但经验、技能不足，曾多次出错）	监控措施能满足控制要求，但经常被停用或发生变更后不能及时恢复；有应急措施但未根据变更及时修订或作业人员不清楚
2	曾经发生过	标准完善但偶尔不按标准检查（作业）	操作规程齐全但偶尔不执行	胜任（有上岗资格证、接受有效培训、经验、技能较好，但偶尔出错）	监控措施能满足控制要求，但供电、联锁偶尔失电或误动作；有应急措施但每年只演练一次
1	从未发生过	标准完善、按标准进行检查（作业）	操作规程齐全，严格执行并有记录	高度胜任（有上岗资格证、接受有效培训、经验丰富、技能、安全意识强）	监控措施能满足控制要求，供电、联锁从未失电或误动作；有应急措施每年至少演练两次

从人员伤亡情况、财产损失、法律法规符合性、环境破坏和对企业声誉影响五个方面对后果的严重程度（S）进行评价取值，取五项得分最高的分值作为其最终的 S 值，见表 3-2。

确定了 S 和 L 值后，根据 $R=L \cdot S$ 计算出风险度 R 的值，见表 3-3。

表 3-2　风险矩阵评价法 S 值取值参考表

赋值	人员伤亡情况	财产损失、设备设施损坏	法律法规符合性	环境破坏	声誉影响
1	一般无损伤	一次事故直接经济损失在 5000 元以下	完全符合	基本无影响	本岗位或作业点
2	1～2 人轻伤	一次事故直接经济损失 5000 元及以上	不符合公司规章制度要求	设备、设施周围受影响	没有造成公众影响
3	造成 1～2 人重伤，3～6 人轻伤	一次事故直接经济损失在 1 万元及以上，10 万元以下	不符合事业部程序要求	作业点范围内受影响	引起省级媒体报道，一定范围内造成公众影响
4	1～2 人死亡，3～6 人重伤或严重职业病	一次事故直接经济损失在 10 万元及以上，100 万元以下	潜在不符合法律法规要求	造成作业区域内环境破坏	引起国家主流媒体报道
5	3 人及以上死亡，7 人及以上重伤	一次事故直接经济损失在 100 万元以上	违法	造成周边环境破坏	引起国际主流媒体报道

表 3-3　风险矩阵评价法 R 值

L \ S	1	2	3	4	5
1	1	2	3	4	5
2	2	4	6	8	10
3	3	6	9	12	15
4	4	8	12	16	20
5	5	10	15	20	25

根据 R 值的大小将风险级别分为以下四级：

$R=L \cdot S=17～25$：A 级，需要立即暂停作业；

$R=L \cdot S=13～16$：B 级，需要采取控制措施；

$R=L \cdot S=8～12$：C 级，需要有限度管控；

$R=L \cdot S=1～7$：D 级，需要跟踪监控或者风险可容许。

第四章　汽车吊装作业危害辨识

汽车吊装作业危害辨识是一个综合性的安全管理过程，它涉及对汽车吊装作业中可能存在的各种危险因素、有害因素及其可能导致的后果进行系统地识别、分析和评估。本章内容通过汽车吊装作业中多发的挤撞打击、触电、吊物坠落、吊车倾翻等事故分析，逐一追溯建立事故因果图，同时利用作业条件危险性评价法，全面辨识出汽车吊装作业危害因素，以提高作业人员的安全意识，预防和控制事故的发生，确保吊装作业的安全进行。

第一节　辨识方法和辨识依据

汽车吊装作业危害辨识方法和辨识依据是多方面的，需要综合考虑法律法规、设备技术状况、操作人员资质、作业环境和货物特性等因素。通过科学的辨识方法和依据，可以有效地识别出吊装作业中的危害因素，为制定有效的控制措施提供基础。在辨识方法上，本书主要采用了专家经验法、因果图、事故树、作业条件危险性评价等。在辨识依据上，主要有以下内容：

（1）《生产过程危险和有害因素分类与代码》（GB/T 13861）。

（2）《企业职工伤亡事故分类》（GB/T 6441）。

（3）《起重机械安全规程　第1部分：总则》（GB/T 6067.1）。

（4）《起重机　手势信号》（GB/T 5082）。

（5）《起重机　安全　起重吊具》（GB/T 41098）。

（6）《起重机械防碰装置安全技术规范》（LD 64）。

（7）其他相关标准、制度、规程及事故案例等。

第二节 评 价 模 型

一、事故树（故障树）分析模型

汽车吊装作业中常见事故包括：挤撞打击事故、触电事故、吊物坠落事故、吊车倾翻事故等，利用事故树逐一展开分析。

（一）挤撞打击事故分析

如图 4-1 所示，通过事故树分析，汽车吊装作业中，导致挤撞打击事故的主要原因包括：吊车司机操作不平稳、斜拉歪拽、未用引绳、吊运线路选择不合理、吊物放置方式不当、吊物下有异物支垫不平、地面柔软不平整、吊物未放稳提前摘钩、物件码放太高不平稳、进入吊车旋转范围、检修设备防护不当、进入被吊物下方、进入物件之间狭小空间等。

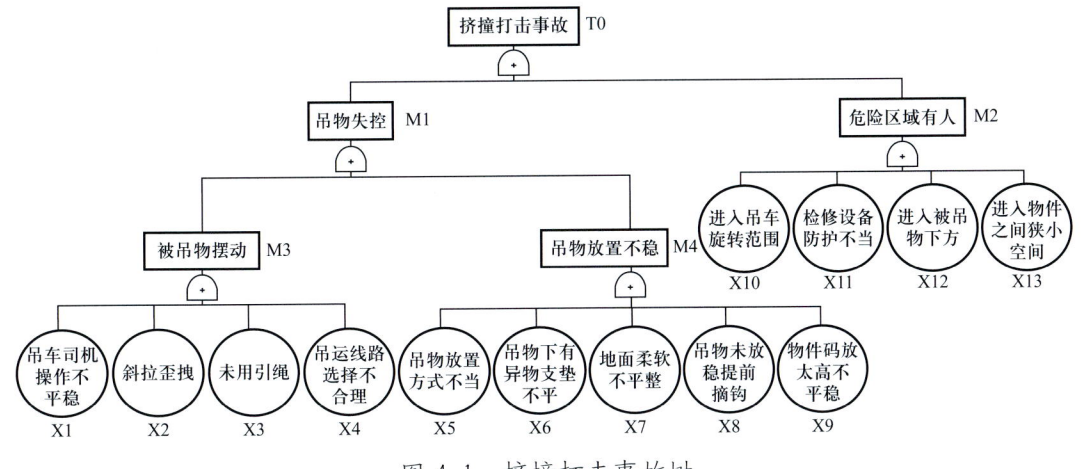

图 4-1 挤撞打击事故树

1. 事故案例

2010 年 6 月 2 日，某钻井队利用等电测解释时间准备更换单机泵的柴油机，20 时 00 分，工程三班接班。20 时 20 分，副队长组织召开了当班人员和司机长参加的更换柴油机作业前安全会，对更换柴油机进行了工作安全分析，对人员做了分工：吊装作业时由司钻负责吊装指挥，吊车未到时，安排先拆卸带泵柴油机的连接部件。20 时 30 分左右，运输总公司驾驶员驾驶 25t 吊车到井。22 时 00 分，吊车司机把吊车开到泵房，并停好吊车。让坐岗工取来一根吊带，拴在柴油机排气管靠近弯头处，用吊车提住。然后卸排气管与柴油机之间的连接螺栓，卸完后找来引绳拴到排气管上，柴油机司机李某扶住排气管支撑杆（防止提掉排气管后支撑杆倒掉砸伤吊车）。此时约22时30分，在无人指挥的情况下起吊排气管，由于吊带未拴在排气管平衡点，致使排气管排烟一头下沉，擦在李某左手无名指上，造成其左环指开放性骨折伴甲床挤压挫裂的一般C级生产安全事故，图4-2为事故现场。

图 4-2 事故现场

2. 原因分析

（1）吊车司机无人指挥就擅自进行拆卸、起吊柴油机排气管作业。

（2）钻井队三班司机站在柴油机排气管下扶支架，处在危险区域。

（3）柴油机司机安全意识不强，站在柴油机排气管下扶支架，使自己处在危险区域。

（4）吊车司机赶时间，想尽快完成工作回去休息，参加第二天搬迁。

（5）排气管支架未固定牢靠，排气管吊起后，支架有可能倾倒。

（6）使用单根吊带吊排气管，起吊时排气管不能保持平衡。

（7）排气管重心不好确定。

（二）触电事故分析

如图4-3所示，通过事故树分析，汽车吊装作业中，导致触电伤害事故的主要原因包括：作业现场有高压线、与高压线安全距离不够、斜拉歪拽、无人指挥或指挥失误、作业人员防护不当、线路连接未拆除、操作失误触及带电体、吊车电气设备漏电、操作室无防护垫板、司机操作无绝缘防护等。

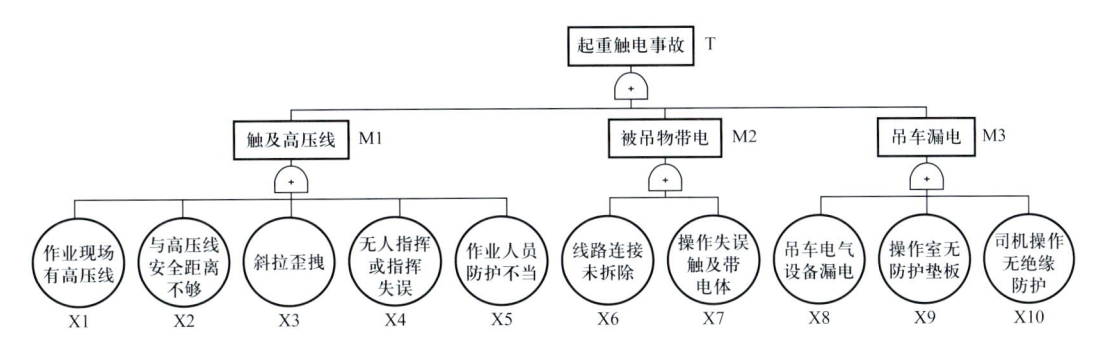

图 4-3　触电事故树分析

1. 事故案例

2006 年 6 月 13 日，某钻井队搬家作业在吊装野营房过程中，吊车拔杆碰到架空线路，造成手扶野营房的张某触电死亡，图 4-4 为事故现场。

图 4-4　事故现场

2. 原因分析

（1）吊车司机违反起重作业"十不吊"第九条，与输电线无安全距离不吊。

（2）冒险违章作业，未使用引绳，直接用手扶。

（3）吊装指挥职责履行不到位，对驾驶员的违章行为未及时制止。

（4）现场监管缺失，跟班干部和监督均未履行监控职责。

（5）日常培训落实不到位，参与作业人员安全意识淡薄。

（三）吊物坠落事故分析

如图 4-5 所示，通过事故树分析，汽车吊装作业中，导致吊物坠落的原因主要包括吊耳设计存在缺陷、吊物捆绑吊挂不当、吊绳未挂入吊耳、引绳拴系

图 4-5 吊物坠落事故树

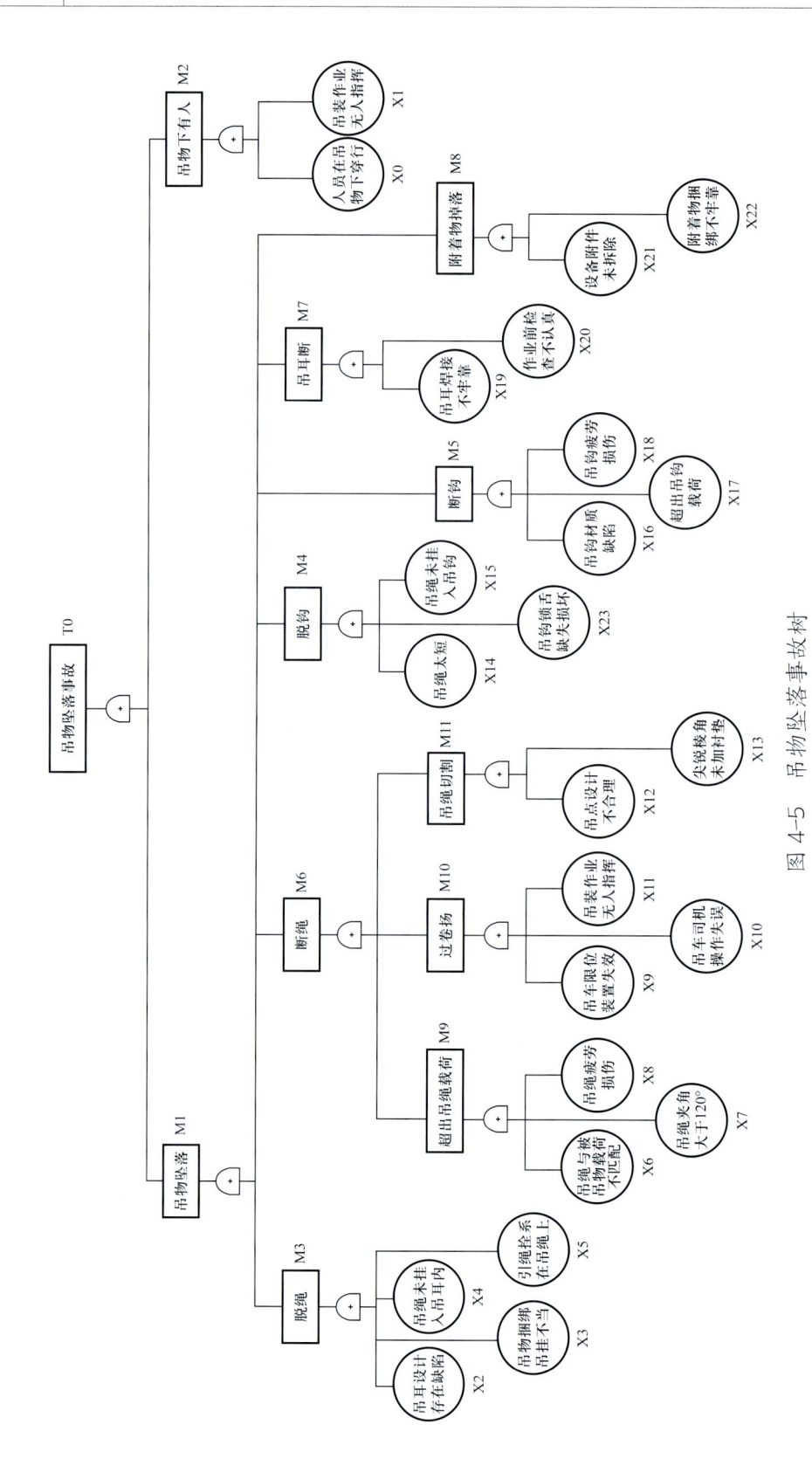

在吊绳上、吊绳与被吊物载荷不匹配、吊绳夹角大于120°、吊绳疲劳损伤、吊车限位装置失效、吊车司机操作失误、吊装作业无人指挥、吊点设计不合理、尖锐棱角未加衬垫、吊绳太短、吊钩锁舌缺失损坏、吊绳未挂入吊钩、吊钩材质缺陷、超出吊钩载荷、吊钩疲劳损伤、吊耳焊接不牢靠、作业前检查不认真、设备附件未拆除、附着物捆绑不牢靠、人员在吊物下穿行、吊装作业无人指挥等。

1. 事故案例

2004年5月24日，某钻井队副队长带领工程二班配合钻前工程公司安装四队安装二班进行井架安装作业。在吊车吊装人字架时，由于吊钩滑脱，人字架前端的滑轮和耳板击中扶人字架的副队长，造成副队长死亡，图4-6为事故现场。

图4-6 事故现场

2. 原因分析

（1）冒险违章作业，未使用引绳，用手扶。

（2）未落实起重作业"十不吊""五确认"，危险区有人起吊作业。

（3）选取不正确的吊钩进行吊装作业，造成滑脱。

（四）吊车倾翻事故分析

如图4-7所示，通过事故树分析，汽车吊装作业中，导致吊车倾翻的原因主要包括：斜拉歪拽、吊臂伸出长度与载荷不匹配、吊臂仰角小于30°、起重臂未全部伸出、设备质量不明起吊、连接和固定未消除、吊车轮胎未全部离开

图 4-7　吊车倾翻事故树

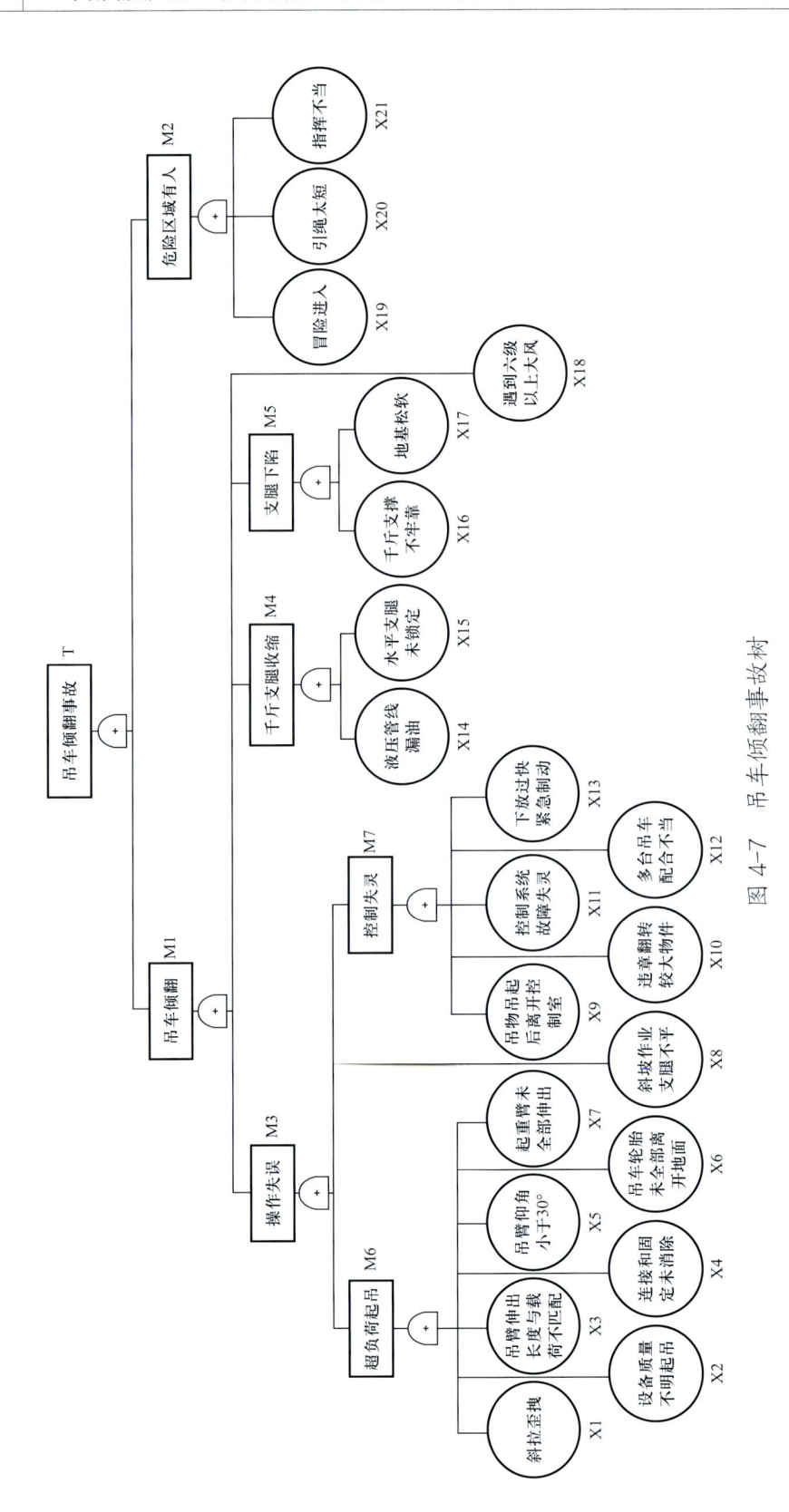

地面、斜坡作业支腿不平、吊物吊起后离开控制室、控制系统故障失灵、下放过快紧急制动、违章翻转较大物件、多台吊车配合不当、液压管线漏油、水平支腿未锁定、千斤支撑不牢靠、地基松软、遇到六级以上大风等。

1. 事故案例

2019年11月3日8时30分左右，吊车司机唐某按照吊装任务驾驶吊车到达某集气站，办理吊装作业许可证后，将车驶入某集气站生活区内。唐某进入驾驶室开始起升吊臂，向左侧吊物方向旋转吊臂；9时07分，吊车倒向右侧，唐某从操作室摔出至地面，身体及头部被操作室门框砸中。事故发生后，现场人员立即开始救援，同时拨打120；9时18分，现场人员将唐某救出；9时40分左右，驻矿医生赶到现场检查施救，发现唐某已死亡，图4-8为事故现场。

图4-8 事故现场

2. 原因分析

（1）吊车作业时，一侧两个支撑臂没有按照操作规程伸出，前千斤腿未伸出，后千斤腿伸出不足，均未有效支撑地面，轮胎着地受力；另一侧的两个液压千斤腿伸出支撑车体，轮胎离地，起吊前车体已经倾斜。

（2）司机操纵吊臂向吊物方向旋转过程中，重心移出支撑面失稳，车辆侧翻。

（3）吊车作业过程中，司机唐某未关闭操作室门，车辆侧翻时，摔出操作室，压在倾覆的操作室门框下致死亡。

（4）运输公司吊装作业现场缺少管控，管理主体责任未落实。未安排人员对吊装作业进行现场监管，无人对吊车司机起重作业前未完全伸出支撑臂、支腿等违章行为进行制止。

（5）钻井一公司对员工培训不到位，导致吊车司机风险和遵章意识淡薄。钻井一公司未按照要求开展起重吊车安全操作规程及起重实操技能培训，未安排吊车司机取得 Q2 资质证书。

（6）吊装作业组织无序，吊装现场未明确负责人，管理责任不清，属地履职和监管责任落实不到位，安全措施执行不到位，违章行为无人制止。

（7）作业许可签发不严格，签批人员责任不落实。属地负责人、安全员在吊车未摆放到位、安全措施未落实的情况下，在作业许可上签字，签字后未履行安全监管职责。

二、因果图（鱼刺图）分析模型

鱼骨分析法，又名因果分析法，是一种发现问题"根本原因"的分析方法，现代工商管理教育如 MBA、EMBA 等将其划分为问题型、原因型及对策型鱼骨分析等几类先进技术分析。鱼骨分析法因其形状如鱼骨而得名，它是一种透过现象看本质的分析方法。

在事故树分析的基础上，将引发吊装事故的原因事件进一步总结归类，得出汽车吊装作业事故因果图（图 4-9）。

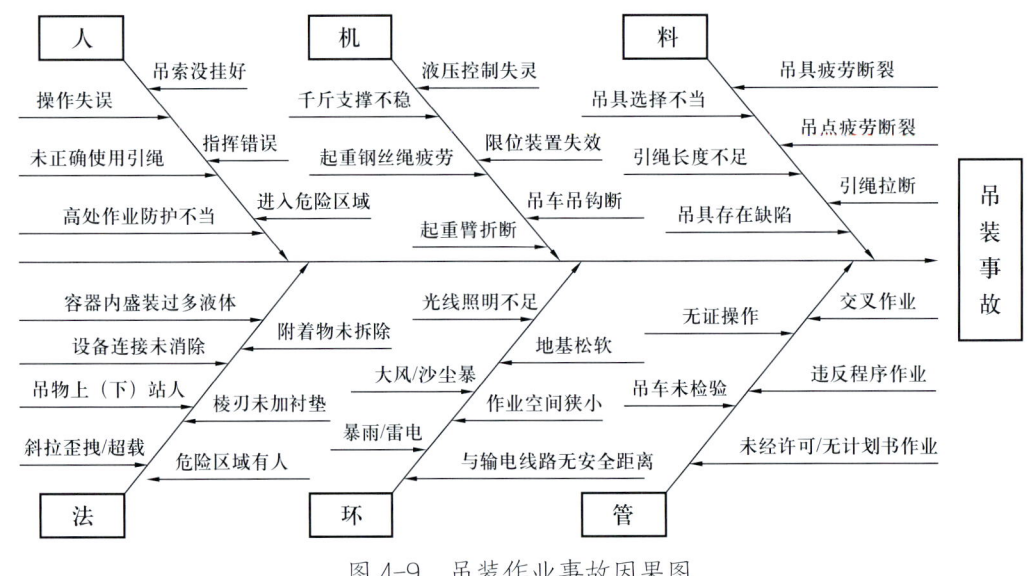

图 4-9　吊装作业事故因果图

三、吊装作业危害辨识清单

在事故树和因果图分析的基础上，初步识别到汽车吊装作业中常见的危害因素，利用作业条件危险性评价法（LEC）逐项进行半定量化的分析评价，对这些危害因素进行评价分级，得出汽车吊装作业危害清单（表4-1）。

表4-1 汽车吊装作业危害辨识清单

序号	危险有害因素	可能导致的事故	风险评价（LEC法）				
			L	E	C	D	分级
1	高压输电线路	触电伤害	3	2	15	90	三级
2	起重作业斜拉歪拽	吊车倾翻	6	3	40	720	一级
3	起重作业无人指挥	触电、挤撞打击	6	3	7	126	三级
4	作业人员防护不当	触电、挤撞打击	6	3	7	126	三级
5	电路连接未拆除	触电	3	2	15	90	三级
6	吊车控制系统漏电	触电	1	6	15	90	三级
7	起重操作不平稳	挤撞打击、吊物坠落	6	3	15	270	二级
8	起重作业不用引绳	挤撞打击、吊物坠落	6	3	15	270	二级
9	吊运线路不合理	挤撞打击、吊车倾翻	6	3	15	270	二级
10	吊物放置不平稳	挤撞打击	6	3	7	126	三级
11	危险区域有人起吊	挤撞打击	6	3	15	270	二级
12	吊点设计不合理	吊物坠落	6	3	15	270	二级
13	吊物捆绑悬挂不当	吊物坠落	6	3	15	270	二级
14	引绳拴系在吊绳上	脱绳造成吊物坠落	6	3	15	270	二级
15	吊车限位装置失效	过卷扬造成断绳	6	3	40	720	一级
16	尖锐棱角未加衬垫	切割吊绳造成断绳	6	3	40	720	一级
17	吊绳夹角>120°	脱钩、断绳、吊物坠落	6	3	40	720	一级
18	吊钩锁舌缺失损坏	脱钩	6	3	3	54	四级
19	吊钩缺陷疲劳损伤	断钩	6	3	15	270	二级

续表

序号	危险有害因素	可能导致的事故	风险评价（LEC法）				
			L	E	C	D	分级
20	吊绳未挂好	脱钩脱绳吊物坠落	6	3	3	54	四级
21	附着物捆绑不牢靠	吊物坠落	6	3	15	270	二级
22	吊臂伸出过长	吊车倾翻	6	3	40	720	一级
23	吊臂仰角<30°	吊车倾翻	6	3	40	720	一级
24	吊物连接未消除	断绳	6	3	15	270	二级
25	支腿未完全伸出	吊车倾翻	6	3	40	720	一级
26	吊车轮胎未离地	吊车倾翻	6	3	40	720	一级
27	斜坡作业支腿不平	吊车倾翻	6	3	40	720	一级
28	吊物吊起司机离开	吊物坠落	6	3	15	270	二级
29	翻转大件操作不稳	吊车倾翻	6	3	15	270	二级
30	多机起吊配合不当	吊车倾翻	6	3	40	720	一级
31	吊车液压系统漏油	吊物坠落、吊车倾翻	6	3	40	720	一级
32	吊车转盘螺丝拔断	吊物坠落、挤撞打击	6	3	40	720	一级
33	地基松软支撑不牢	吊车倾翻	6	3	40	720	一级
34	大风恶劣天气吊装	挤撞打击、吊车倾翻	6	3	40	720	一级

作业条件危险性评价法应用说明：

$$D = L \cdot E \cdot C$$

式中：

D——风险度；

L——事故或危险事件发生的可能性；

E——人员暴露于危险环境的频率；

C——发生事故可能产生的损失后果。

具体评价取值见表4-2～表4-5。

表4-2　事故或危险事件发生的可能性（L）取值参考表

分值	事故发生的可能性	应用举例
10	完全可以预料到（每周1次以上）	酒后驾驶引发交通事故
6	相当可能（每6个月发生1次）	违反"十不吊"造成吊装伤害事故
3	可能但不经常（1次/3年）	靠近井场高压线引发触电事故
1	可能性小，完全意外（1次/10年）	误操作造成上顶下砸事故
0.5	很不可能，可以设想（1次/20年）	由于基础下陷造成井架倾倒
0.2	极不可能（只是理论上的事件）	野外作业雷击事件
0.1	实际不可能	

表4-3　暴露于危险环境的频率（E）取值参考表

分值	人员暴露于危险环境的频繁程度	应用举例
10	连续（每天2次以上）暴露	接单根作业
6	频繁（每天1次）暴露	设备正常保养
3	每周一次，或偶然暴露	维修泥浆泵作业
2	每月一次暴露	检修电路作业
1	每年几次暴露	起放井架作业
0.5	非常罕见的暴露	野外作业中遇毒蛇或猛兽

表4-4　发生事故可能造成的后果（C）取值参考表

分值	财产损失 万元	发生事故可能造成的后果	应用举例
100	≥1000	许多人死亡	高含硫井施工井控设备失效
40	300～<1000	数人死亡	有限空间作业
15	100～<300	1人死亡	二层台作业不系安全带
7	10～<100	重伤	设备旋转部位附件搞卫生
3	1～<10	轻伤	用手扶吊装绳套
1	<1	轻微伤害	进入作业现场不戴护目镜

表 4-5 危险性（D）分级对照表

风险级别	D 值	危险程度	是否需要继续分析
一级	≥320	极其危险，不能继续作业	需进一步分析
二级	160～<320	高度危险，需要立即整改	
三级	70～<160	显著危险，需要整改	可进一步分析
四级	20～<70	一般危险，需要注意	不需进一步分析
五级	<20	稍有危险，可以接受	

第三节　吊装作业现场常见事故隐患

一、人为因素

（1）超过吊车起重半径（图 4-10）或者超过吊车载荷（图 4-11）进行作业，存在吊车倾翻或者吊车吊臂折断的风险，可能对人员造成伤害，对设备造成损坏。

图 4-10　歪拉斜吊，超过吊车起重半径吊装　　图 4-11　超过吊车载荷进行起吊

（2）人员站位不当，作业人员站在吊物下方（图 4-12）或者站在被吊物与其他固定物体之间（图 4-13），存在吊物下砸或者人员被挤压的风险。

（3）危险区域有人时进行吊装作业，人员站在吊物上（图 4-14）或者站在吊臂旋转范围内进行吊装作业（图 4-15），存在人员高处坠落或者吊物下砸对人员造成伤害的风险。

第四章　汽车吊装作业危害辨识

图 4-12　人员站在吊物下方

图 4-13　人员站在被吊物与固定物体之间

图 4-14　人员站在吊物上

图 4-15　人员在吊臂旋转范围内作业

（4）移动吊车时支腿未收回（图 4-16），存在支腿碰到设备造成支腿、设备损坏的风险，或者支腿碰到人员，对人员造成伤害。作业结束后吊臂未收回（图 4-17），可能造成吊臂变形、加速老化，设备故障的概率增加。

图 4-16　移动吊车时支腿未收回

图 4-17　作业结束后吊臂未收回

（5）司索人员在吊装作业过程中未使用引绳控制吊物（图4-18），容易造成人员被吊物碰伤的风险，或者被吊物碰到其他设备，造成吊物脱落或设备损坏。司索人员在取挂绳套未使用绳套取挂器（图4-19），可能导致司索人员的手被钢丝绳夹伤的风险。

图4-18　未使用引绳牵引吊物 　　　　图4-19　取挂绳套未使用绳套取挂器

（6）吊车承重状态下，吊车司机私自离开操作室（图4-20），无法及时对起重作业进行监控和协调，有可能导致吊物受损或者操作不当导致吊车倾斜或者意外翻车。吊车大钩小钩同时作业（图4-21），吊车大钩吊索具未取出，使用小钩吊装，存在误操作导致吊物倾翻或者小吊钩超载的风险。

图4-20　吊车司机私自离开操作室 　　　图4-21　大钩和小钩同时起重同一吊物

（7）钢丝绳缠绕进行吊装作业（图4-22），缠绕的钢丝绳会使其安全负荷急剧下降，增加断裂的风险。钢丝绳与吊物棱角处相磨未加衬垫（图4-23），长期摩擦会导致断丝和断股，进而减少使用寿命，严重时可能引起钢丝绳断裂事故，导致重物坠落，造成人员伤亡和财产损失。

第四章　汽车吊装作业危害辨识

图 4-22　钢丝绳缠绕进行吊装作业　　图 4-23　钢丝绳与吊物棱角处相磨未加衬垫

（8）指挥人员未穿信号服（图 4-24）或者多人指挥（图 4-25），容易导致现场指挥信号不明确，吊车司机可能出现误操作的情况，或者需要进行操作的时候吊车司机未及时进行操作。

图 4-24　指挥人员未穿信号服　　图 4-25　多人指挥

（9）起吊前未鸣笛（图 4-26）可能导致人员未及时撤离危险区域的情况下进行起吊，进而导致人员被重物挤压或者碰倒造成伤害。吊装完重物之后，吊索具从被吊物下往出拖拽（图 4-27），可能导致钢丝绳损伤或者重物被拖拽、倾倒、滚动，对人员造成伤害或者对设备造成损坏。

（10）吊物多处连接起吊（图 4-28），吊物上的附着物未拆除进行起重作业，容易导致人员被附着物碰伤，附着物脱落可能导致人员被砸伤或者设备财产损失。吊物被连接进行起吊（图 4-29），即吊物的重量不明，可能导致吊车超负荷起吊，发生吊车倾翻或者吊臂折断事故。

图 4-26　起吊前未鸣笛

图 4-27　吊索具从被吊物下往出拖拽

图 4-28　吊物多处连接起吊

图 4-29　吊物被连接

（11）一绳多吊、吊物未捆绑（图 4-30），可能导致在起重作业过程中吊物滑脱，发生吊物坠落。使用单根钢丝绳进行吊装，钢丝绳未固定挂在吊钩上（图 4-31），容易发生钢丝绳在吊钩上滑动，吊物失去平衡，可能发生吊物坠落，对人员造成伤害或者对设备造成损坏。

图 4-30　一绳多吊、吊物未捆绑

图 4-31　单根钢丝绳未固定挂在吊钩上

（12）支腿垫板面积不足支腿面积的三倍（图4-32）或者吊车支腿下无垫板（图4-33），容易导致吊车支腿下陷，吊车车身的平衡受到破坏，容易导致吊车倾翻，对人员或财产造成损失。

图4-32　支腿垫板面积不足支腿面积三倍　　图4-33　吊车支腿下无垫板

（13）吊钩锁舌缺失（图4-34）或锁舌失效（图4-35）进行吊装作业，在起重作业过程中，当被吊物碰到其他物体失去平衡时，容易发生脱钩，造成重物下砸，可能对人员造成伤害，对设备带来损失。

图4-34　吊钩锁舌缺失进行起重作业　　图4-35　吊钩锁舌失效进行起重作业

二、设备因素

（1）吊车安全防护设施缺失或失效，无起升高度限位器（图4-36）或三圈保护器失效（图4-37），可能导致吊车在上提或者下放过程中，吊钩顶到天车，可能引发物体下砸、设备损坏；三圈保护器失效可能导致钢丝绳全部放完，吊物下砸，造成人员伤害或财产损失。

图 4-36　无起升高度限位器　　　　　图 4-37　三圈保护器失效

（2）支腿未全部伸出（图 4-38），吊车对地面的压强增大，可能导致地面塌陷或滑坡，进一步增加侧翻风险。吊车基础支撑不稳固（图 4-39），同样可能会导致吊车作业时稳定性不足，容易发生倾翻事故。

图 4-38　吊车支腿未全部伸出　　　　图 4-39　吊车基础支撑不稳固

（3）钢丝绳卡扣反装（图 4-40），主钢丝绳受力变形，降低了承载能力。压板少于两个，钢丝绳容易发生滑脱。卷扬机钢丝绳末端固定不牢（图 4-41），同样容易发生钢丝绳滑脱。在被吊物重量还没有达到设计载荷之时，就可能发生钢丝绳滑脱，进而重物下砸，造成人员伤害或财产损失。

（4）吊索具破损（图 4-42）或吊索具打结使用（图 4-43），会导致吊索具的承载能力下降，在起吊重物的过程中，可能发生吊索具断裂，重物下砸，造成人员伤害或财产损失。

图 4-40　钢丝绳卡扣反装、压板少于两个 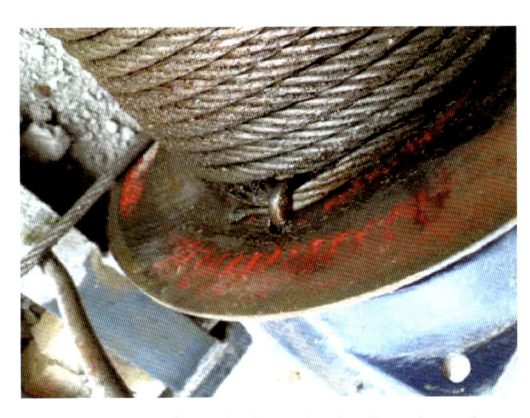　　　图 4-41　卷扬机钢丝绳末端固定不牢

图 4-42　吊索具破损 　　　图 4-43　吊索具打结使用

（5）吊车吊钩锁舌失效、吊钩焊接或磨损严重，锁舌失效的情况下进行起重作业（图 4-44）可能导致重物脱钩，吊钩焊接或磨损严重（图 4-45）可能导致吊钩断裂，两种情况都可能导致重物下砸，造成人员伤害或财产损失。

图 4-44　吊钩锁舌失效、吊钩焊接 　　　图 4-45　吊钩磨损严重

（6）吊点未标识使用的吊索具种类、数量及承载能力（图4-46），钢丝绳等吊索具缺失标识（图4-47），对钢丝绳的承载能力是否与被吊物匹配不清楚，可能导致使用的钢丝绳套不满足被吊物的载荷要求，在起重作业过程中发生钢丝绳断裂的情况，进而造成重物下砸，造成人员伤害或财产损失。

图4-46　吊点未标识使用的吊索具种类、数量及承载能力

图4-47　钢丝绳无铭牌

（7）钢丝绳挤压变形、散股（图4-48），钢丝绳断丝（图4-49），这些情况都会导致钢丝绳的使用寿命缩短，承载能力下降，钢丝绳受力不均，容易出现局部压力过大的情况，进而可能造成钢丝绳断裂，重物下砸，造成人员伤害或财产损失。

图4-48　钢丝绳挤压变形、散股

图4-49　钢丝绳断丝

（8）排绳器损坏，滑轮槽磨损、变形（图4-50），无防跳槽装置（图4-51），可能导致钢丝绳缠乱或者钢丝绳跳槽，加快钢丝绳的磨损，缩短钢丝绳的使用寿命。

图 4-50 排绳器损坏，滑轮槽磨损、变形　　　图 4-51 无防跳槽装置

（9）超载开关被关闭（图4-52），当吊车准备在超负荷的情况下进行起重作业时，超载开关无法对吊车进行紧急停车，可能导致吊车倾翻或者吊臂折断。吊车钢丝绳未满倍率穿绳（图4-53），导致游车上方的钢丝绳的承载能力达不到吊车的符合要求，容易出现钢丝绳断裂的情况，造成人员伤害或财产损失。

图 4-52 超载开关被关闭　　　图 4-53 吊车钢丝绳未满倍率穿绳

（10）吊车水平仪损坏（图4-54），则会导致吊车支撑不平衡，吊车支腿受力不均匀，可能造成吊车在起重作业过程中发生倾翻。液压油箱严重缺油（图4-55），则会吊车不能正常作业。

（11）液压系统渗漏（图4-56）可能造成压力失稳，油缸油管漏油

（图4-57）可能导致油缸回缩，都可能造成在起重作业过程中吊车运转突然失控、吊车司机误操作或者被吊物不受控制，导致人员伤害或财产损失。

图4-54　吊车水平仪损坏

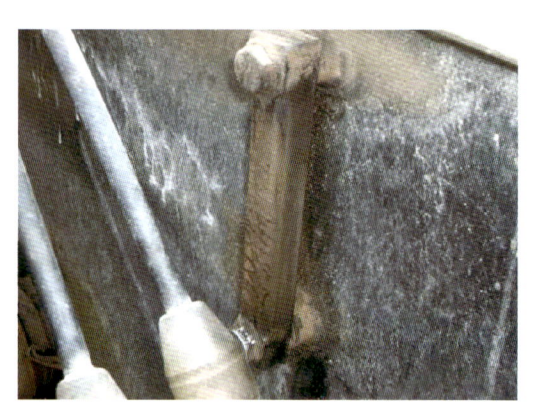

图4-55　液压油箱严重缺油

图4-56　吊车液压系统渗漏

图4-57　吊车油缸油管漏油

三、环境因素

（1）作业环境不良，吊车、被吊物与输电线路无安全距离（图4-58），可能在起重作业过程中，吊车吊臂或重物触碰到输电线路，导致触电伤害。吊车支撑的地面不牢固（图4-59），出现下陷，可能导致吊车失去平衡，出现倾斜，在起重作业过程中发生吊车倾翻，造成人员伤害或设备损坏。

（2）大风等恶劣天气（图4-60）或者照明不足、视线不良进行吊装作业（图4-61），吊车司机和作业人员看不清楚现场的状况，容易误操作，可能会导致吊物碰伤或者挤压人员，对人员造成伤害。

第四章　汽车吊装作业危害辨识

图 4-58　吊车、被吊物与输电线路无安全距离

图 4-59　吊车支撑的地面不牢固

图 4-60　大风天气进行吊装作业

图 4-61　照明不足、视线不良进行吊装作业

第五章　汽车吊装作业评价单元划分与安全评价技术

第一节　汽车吊装作业评价单元划分

结合汽车吊装作业危害辨识评价结果，为确保评价过程的科学性、完整性、可行性和操作性，按照"人、机、料、法、环、管"划分评价单元（图5-1）。

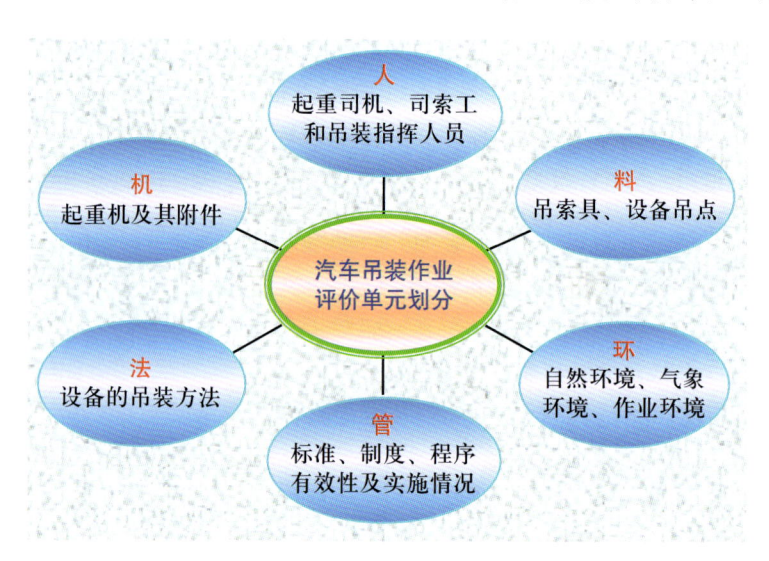

图 5-1　汽车吊装作业评价单元划分

单元一：人，主要评价起重机司机、司索工、吊装指挥人员的作业行为是否安全。

单元二：机，主要评价起重机及其附件的安全性能。

单元三：料，主要评价吊索具、设备吊点（耳、钩、孔、桩）的安全性能。

单元四：法，主要评价不同设备的吊装方法是否安全。

单元五：环，主要评价自然环境、气象环境和作业环境是否满足作业安全要求。

单元六：管，主要评价吊装作业管理标准、制度、程序的有效性及实用性，以及现场运行与实施情况等。

第二节　单元一评价模型建立及评价标准

一、评价范围

起重司机、司索工、吊装指挥人员。

二、评价方法

人员可靠性分析法（HRA）、事件树。

三、评价依据

（1）《特种设备作业人员考核规则》（TSG 26001—2019）。
（2）《起重机械安全规程》（GB 6067—2010）。
（3）《起重机　手势信号》（GB/T 5082—2019）。
（4）其他相关标准、制度、规程及事故案例等。

四、评价模型

（一）HRA 事件树

以触电、挤撞打击、吊物坠落、吊车倾翻等常见吊装事故为例，主要围绕吊车司机、司索工、吊装指挥人员，利用事件树分析操作失误导致事故发生的路径，为开展 HRA 评价提供依据。

通过事件树分析，在起重作业中当出现"吊物摆动接近高压输电线路"时，只有一条成功途径，即由 B→C→D→E 逐项落实安全措施。否则，如果任意一条安全措施不落实，就会出现四个事故路径：A→$\overline{B}$；A→B→$\overline{C}$；A→B→C→$\overline{D}$；A→B→C→D→$\overline{E}$，这四种路径都可能引发触电伤害事故，如图 5-2 所示。

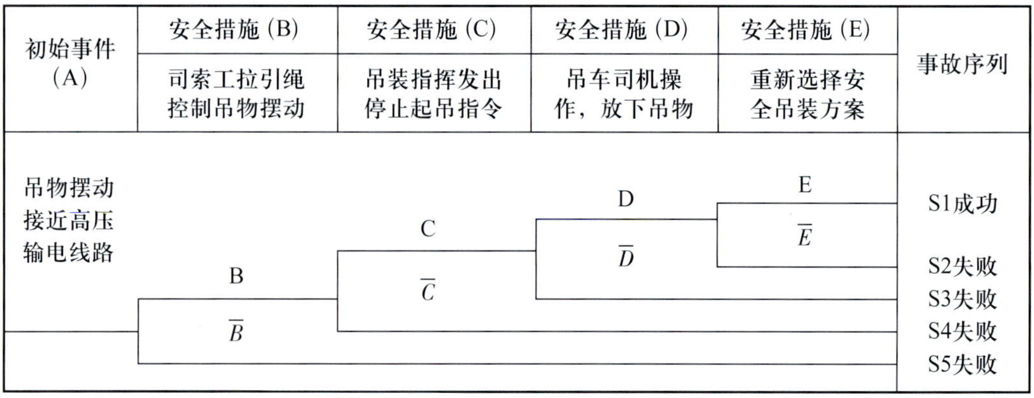

初始事件 (A)	安全措施(B) 司索工拉引绳 控制吊物摆动	安全措施(C) 吊装指挥发出 停止起吊指令	安全措施(D) 吊车司机操 作，放下吊物	安全措施(E) 重新选择安 全吊装方案	事故序列
吊物摆动 接近高压 输电线路	B / $\overline{B}$	C / $\overline{C}$	D / $\overline{D}$	E / $\overline{E}$	S1成功 S2失败 S3失败 S4失败 S5失败

图 5-2 起重触电事件树

通过事件树分析，在起重作业中当出现"狭小空间吊装，用手扶吊物"时，只有一条成功途径，即由 B→C→D 逐项落实安全措施。否则，如果任意一条安全措施不落实，就会出现三个事故路径：A→$\overline{B}$；A→B→$\overline{C}$；A→B→C→$\overline{D}$，这三种路径都可能引发挤撞打击事故，如图 5-3 所示。

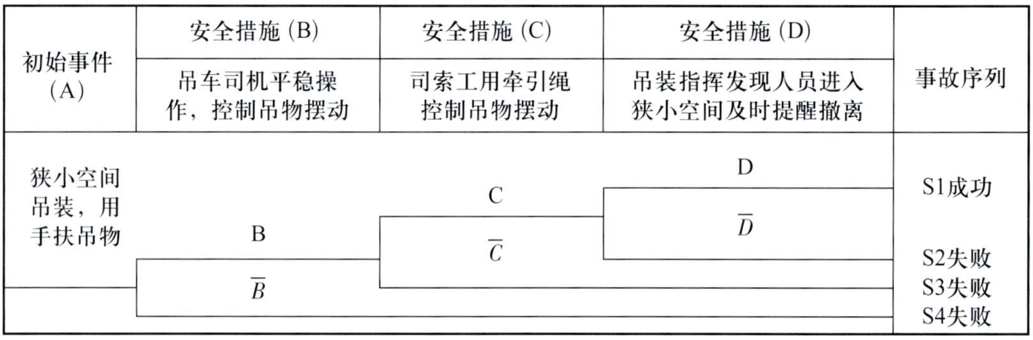

初始事件 (A)	安全措施(B) 吊车司机平稳操 作，控制吊物摆动	安全措施(C) 司索工用牵引绳 控制吊物摆动	安全措施(D) 吊装指挥发现人员进入 狭小空间及时提醒撤离	事故序列
狭小空间 吊装，用 手扶吊物	B / $\overline{B}$	C / $\overline{C}$	D / $\overline{D}$	S1成功 S2失败 S3失败 S4失败

图 5-3 起重挤撞打击事件树

通过事件树分析，在起重作业中当出现"没有开展检查评价盲目进行装作业"时，只有一条成功途径，即由 B→C→D→E→F→G 逐项落实安全措施。否则，如果任意一条安全措施不落实，就会出现六个事故路径：A→$\overline{B}$；A→B→$\overline{C}$；A→B→C→$\overline{D}$，A→B→C→D→$\overline{E}$，A→B→C→D→E→$\overline{F}$，A→B→C→D→E→F→$\overline{G}$，这六种路径都可能引发吊物坠落事故，如图 5-4 所示。

通过事件树分析，在起重作业中当出现"吊车车身倾斜"时，只有一条成功途径，即由 B→C→D→E 逐项落实安全措施。否则，如果任意一条安全措施不落实，就会出现四个事故路径：A→$\bar{B}$；A→B→$\bar{C}$；A→B→C→$\bar{D}$；A→B→C→D→$\bar{E}$，这四种路径都可能引发吊车倾翻事故，如图 5-5 所示。

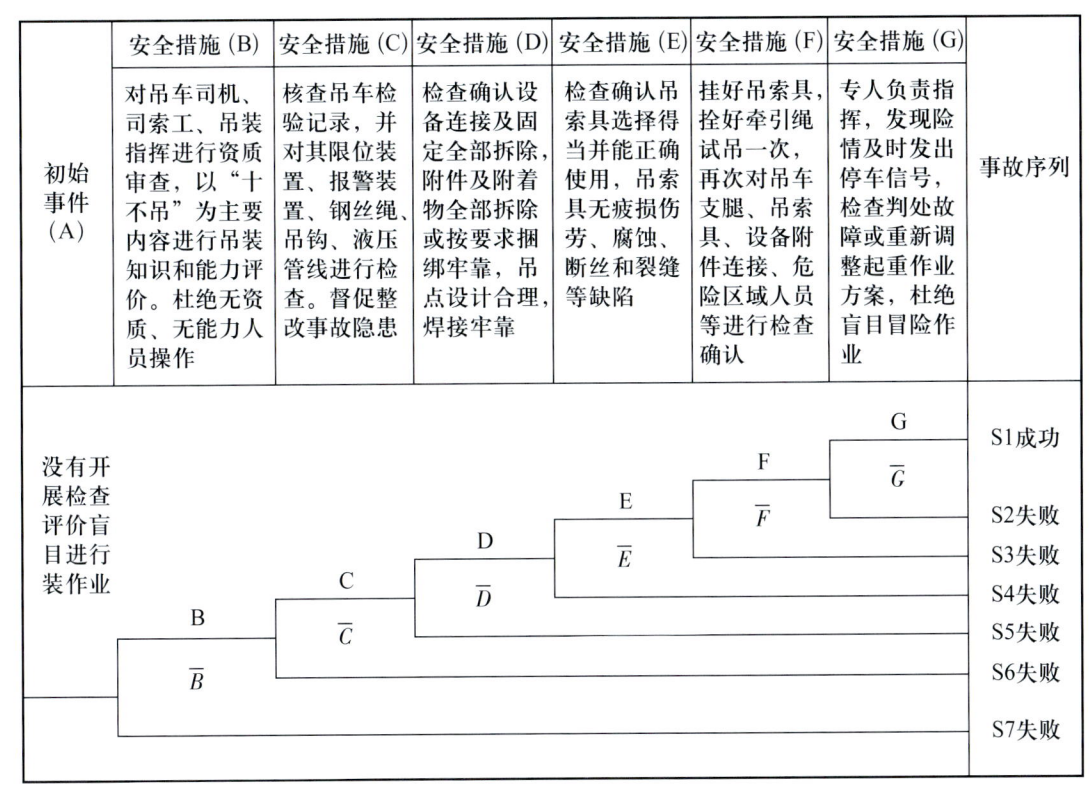

初始事件(A)	安全措施(B)	安全措施(C)	安全措施(D)	安全措施(E)	安全措施(F)	安全措施(G)	事故序列
没有开展检查评价盲目进行装作业	对吊车司机、司索工、吊装指挥进行资质审查，以"十不吊"为主要内容进行吊装知识和能力评价。杜绝无资质、无能力人员操作	核查吊车检验记录，并对其限位装置、报警装置、钢丝绳、吊钩、液压管线进行检查。督促整改事故隐患	检查确认设备连接及固定全部拆除，附件及附着物全部拆除或要求捆绑牢靠，吊点设计合理，焊接牢靠	检查确认吊索具选择得当并能正确使用，吊索具无疲损伤劳、腐蚀、断丝和裂缝等缺陷	挂好吊索具，拴好牵引绳试吊一次，再次对吊车支腿、吊索具、设备附件连接、危险区域人员等进行检查确认	专人负责指挥，发现险情及时发出停车信号，检查判处故障或重新调整起重作业方案，杜绝盲目冒险作业	S1成功 S2失败 S3失败 S4失败 S5失败 S6失败 S7失败

图 5-4　起重吊物坠落事件树

初始事件(A)	安全措施(B)	安全措施(C)	安全措施(D)	安全措施(E)	事故序列
吊车车身倾斜	指挥人员发出紧急停车信号，吊车司机停止起吊	超载限制器发出报警，自动切断动力	力矩限制器报警，自动切断动力	核实吊物重量，检查确认起重臂、支腿满足要求，调整安全作业方案	S1成功 S2失败 S3失败 S4失败 S5失败

图 5-5　吊车倾翻事件树

47

（二）HRA 分析表

在事件树分析的基础上，侧重对司索工、吊装指挥、吊车司机这三个关键岗位人员，进一步分析其常见失误，以及行为产生的可能原因，为编制针对性评价表提供系统的技术支撑，如表 5-1 所示。

导致人员失误的可能原因主要包括：

（1）有缺陷的工艺过程。

（2）不合适、无效或失效的仪表。

（3）知识缺乏。

（4）与次序不符。

（5）不合适的标签。

（6）改变/实施不一致。

（7）失效的设备或不好的工具。

（8）通信匮乏，联络沟通不够，或者错误的信息反馈。

（9）布置不合理。

（10）违反人的习惯。

（11）超灵敏控制。

（12）脑力过于疲劳。

（13）额外的不必要的警惕性。

（14）后备控制系统演习不足。

（15）缺乏实际限制。

（16）办公经费不足等。

五、评价标准

结合事件树和 HRA 分析，参照相关标准、制度，分别从资质、健康状况、专业知识、操作技能、应急反应能力等方面细化吊车司机、司索工、吊装指挥人员评价表（表 5-2～表 5-4）。

第五章 汽车吊装作业评价单元划分与安全评价技术

表 5-1 起重作业人员可靠性分析表

评价对象	任务分解	可能的失误	行为后果	导致失误的可能原因
司索工	选择、检查吊索具	吊索具选择不当	断绳、脱绳	知识缺乏、缺乏限制
		未检查、消除吊索具缺陷	断绳	知识缺乏、失误频繁
	检查、捆绑吊物	吊物连接未消除	断绳、吊车倾翻	检查不到、错误反馈
		吊物附着物连接不可靠	吊物坠落	缺乏限制、检查不到
		吊物棱刃部位无衬垫	断绳	知识缺乏、布置不合理
		吊物重量估算错误	断绳、吊车倾翻	知识缺乏、错误的标签
		设备电力线路未切断	触电	次序颠倒、沟通不够
		未检查消除吊耳缺陷	吊物坠落	工艺缺陷、布置不合理
	挂钩吊装	吊具未挂好	脱绳、吊物坠落	失误频繁、沟通不够
		一绳多吊	吊物失去控制	与次序不符、不良习惯
		超高、超长、外形不规格及柔性物件等，吊具悬挂、缠绕方法不当	脱绳、脱钩、吊物坠落	知识缺乏、联络沟通不够、布置不合理、缺乏实际限制
		未使用引绳，站位不当	挤撞打击伤害	违反习惯、沟通不够
		吊物未放稳提前摘钩	吊物失控倾倒	违反程序、沟通不够
	摘钩卸载	吊物支撑不稳攀爬摘钩	高处坠落、夹伤	沟通不够、沟通不够、观察不周
		吊绳被压，利用人力或吊车强力抽绳	吊物失稳后滚动、翻转、吊绳断裂或弹起	次序不符、沟通不够、布置不合理、不良习惯

49

续表

评价对象	任务分解	可能的失误	行为后果	导致失误的可能原因
吊装指挥	检查确认	未检查吊物连接及固定	断绳、吊车倾翻	与次序不符、不良习惯
		未检查危险区是否有人	挤撞伤害	与次序不符、不良习惯
		未检查吊具选择及使用	脱绳、断绳、脱钩	与次序不符、不良习惯
		未检查吊物件捆绑及固定	吊物坠落	与次序不符、不良习惯
		未检查支腿伸出及支撑	吊车倾翻	与次序不符、不良习惯
		信号服、指挥哨、旗帜及通信器材缺失	吊车司机与司索工配合失误	与次序不符、错误反馈、失效的设备及控制
		未确认气候条件（风、雨、雷电、沙尘暴）及作业环境（输电线路、安全距离、地基等）符合作业要求	触电、吊车倾翻、吊物失控坠落、挤撞打击等	与次序不符、错误反馈、观察不周、知识缺乏、联络沟通不够
	指挥吊装	发送错误的起吊信号	吊装坠落、挤撞打击	知识缺乏、错误反馈
		信号发送提前或滞后	挤撞打击、吊物坠落	通信匮乏、联络沟通不够
		指挥信号不准确	误导吊车司机操作	过于疲劳、通信匮乏
		选择站位不当	信息传递不及时	不良习惯、联络沟通不够
	结束吊装	吊具、吊绳未摘除就指挥收吊钩或摆动吊臂	挤撞打击、吊物坠落	观察不周、联络沟通不够
		支腿、起重臂未回指挥引导车辆移动	挤撞打击、吊车倾翻	与次序不符、不良习惯

续表

评价对象	任务分解	可能的失误	行为后果	导致失误的可能原因
吊车司机	吊车检查	限位装置故障未排除	过卷扬、吊车倾翻	无效或仪表失效、失效的设备、布置不合理、超灵敏控制、知识缺乏、不良习惯等
		超载限制器故障未排除	断绳、吊车倾翻	
		力矩限制器故障未排除	吊车倾翻	
		控制系统漏电、漏油	触电、吊车失控	
		吊车钢丝绳断丝、腐蚀	吊物坠落	
		吊车转盘固定螺栓断裂	吊臂折损、吊物坠落	
	移动停车	移动车辆未鸣笛示警	车辆伤害	错误反馈、通信匮乏
		移动车辆未收吊臂、千斤	车辆伤害、吊车倾翻	联络沟通不够、不良习惯
		支腿未完全伸出并锁定	吊车倾翻	知识缺乏、布置不合理
		千斤支腿支撑不稳固	吊车倾翻	布置不合理、不良习惯
		支腿未调整水平	吊车倾翻	布置不合理、不良习惯
	起重操作	不按规定试吊	脱钩脱绳、吊物坠落	与次序不符、实施不一致
		回转、变幅、起升等操作前，不鸣笛示意	挤撞打击	错误反馈、与次序不符
		未按指挥信号操作	挤撞打击、吊物坠落	联络沟通不够
		斜拉歪拽	吊车倾翻	与次序不符、超灵敏控制

51

续表

评价对象	任务分解	可能的失误	行为后果	导致失误的可能原因
吊车司机	起重操作	负载中急速回转转盘、升降臂杆或紧急制动	吊车倾翻、吊物坠落	知识缺乏、不良习惯
		负载下离开控制室	吊物坠落	违反习惯、操作失误
		吊物、吊臂、吊索与输电线路无安全距离	触电	联络沟通不够、布置不合理、缺乏实际限制
		未按指挥，任吊具未摘除便起吊钩、摆动吊臂	挤撞打击	与次序不符、联络沟通不够、错误反馈
	回收吊车	结束作业未切断动力、操作杆复位、锁车门就离开		违反习惯、失去控制、缺乏实际限制

第五章　汽车吊装作业评价单元划分与安全评价技术

表 5-2　吊车司机评价表

评价项目							
	驾驶员姓名：		车牌号：		作业内容：		
	评价人：		评价日期：				
一、资质条件	工作年限：	有□　无□	操作证号：		天气情况：		总分：
二、健康状况	有无病史：	正常□　不正常□ 佩戴助听器□	心脏病□　精神病□　惊厥或昏厥□ 癫痫病□　帕金森病等□		1.操作失误□　2.技能不足□ 3.条件受限□　4.沟通不够□		通过资质审查□ 不通过资质审查□
	听力情况：		事故事件：				
			视力情况：		正常□　色盲□　花眼□		通过健康评价□ 不通过健康评价□
	有无眼疾：	有□　无□	反应情况：		正常□　迟钝□		
三、专业知识 作业前评价		总体要求			熟悉（2分）	了解（1分）	不清楚（0分）
	1	起重机的基本性能、参数、基本构造及工作原理					
	2	液压传动基础知识和力学基本知识					
	3	起重机安全防护装置的结构、性能及其工作原理					
	4	起重机主要零部件的安全技术要求及其报废标准					
	5	起重机常见故障分析判断及排除					
	6	重量、幅度、起重高度、起重速度与机械稳定性的关系					
	7	指示、限位和保护装置的调整使用知识					
	8	起重机的安全技术操作规程					
	9	防火及救火知识、灭火器材的使用					
	10	起重机常见事故类型及案例分析					
	11	起重机的维护与保养知识					

53

续表

			总体要求	熟悉（2分）	了解（1分）	不清楚（0分）
作业前评价	三、专业知识	12	起重机械安全管理规程			
		13	起重作业"十不吊""五确认"			
		14	电气安全常识，包括安全电压、安全距离、触电急救等			
		15	起重吊运指挥信号			
		16	起重钢丝绳检查、保养知识及报废标准			
	四、应急能力	1	风险辨识和危害分析相关知识			
		2	起重伤害事故应急行动内容			
		3	车辆伤害及交通事故应急行动内容			
		4	初级火灾应急行动内容			
		5	自救互救知识			
		6	起重伤害事故急救要点			
		7	紧急情况应急避险方法			
		8	急救电话拨打方法			
作业前评价得分			□同意现场作业（48～30分） □同意现场作业但需重点监督（29～17分） □现场清退（17分以下）			

			总体要求	优秀（4分）	合格（3分）	不合格（0分）
作业中评价	五、操作技能	1	稳：操作做到启动、制动平稳，吊钩、吊具和吊物不游摆			
		2	准：吊钩、吊具和吊物应准确地在指定位置上方降落			
		3	快：保证起重连续工作，提高作业效率			

第五章 汽车吊装作业评价单元划分与安全评价技术

续表

		总体要求	优秀（4分）	合格（3分）	不合格（0分）
	4	安全：确保起重机在完好的情况下可靠工作，操作中严格执行起重机安全技术操作规程，不发生人身和设备事故			
	5	合理：根据吊物情况，正确操作控制器手做到合理控制			
		具体操作要求	优秀（2分）	合格（1分）	不合格（0分）
作业中评价	1	劳保穿戴齐全，服从吊装指挥人员安排，坚守岗位，不准吊物悬空情况下中断工作			
	2	作业时精力要集中，不准有吃零食、接打手机、闲谈、吸烟等妨碍起重作业的行为			
	3	严禁吊车司机酒后上岗和身体状况不佳的情况下上岗			
	4	作业前对起重机全面安全检查，确认各机构运转正常，安全联锁和限位开关动作灵敏可靠			
五、操作技能	5	禁止用限位器作断电停车手段			
	6	吊装搬运前进行试吊			
	7	起重、回转、变幅、行走和吊钩升降等动作前，鸣笛示意			
	8	正确识别吊装指挥信号			
	9	禁止斜拉、斜吊和起重地下埋设或凝结在地面上的重物			
	10	起重机卷筒上钢丝绳应连接牢固，排列整齐			
	11	放出钢丝绳时卷筒上保留三圈以上			
	12	禁止带负荷伸缩臂杆			

续表

		具体操作要求	优秀（2分）	合格（1分）	不合格（0分）
五、操作技能	13	支腿完全伸开作业			
	14	禁止吊车在斜坡地方负载回转			
	15	禁止带负荷下、急速回转转盘、升降臂杆或紧急制动			
	16	严格执行"十不吊"的规定，禁止一切违章作业、特殊作业安全措施采取得当			
作业中评价得分		□技能娴熟，可靠性高（52～46分） □满足作业要求，可靠性较高（45～36分） □基本满足作业，加强操作技能（36分以下）			

第五章　汽车吊装作业评价单元划分与安全评价技术

表 5-3　司索工评价表

姓名：		岗位：		作业工况：		
评价人：		评价日期：		天气情况：		总分：

评价项目			总体要求	实际情况	合格	清退
作业前评价	一、否决项目	1	年龄不满18周岁，或超过国家法定退休年龄			
		2	有心脏病、癫痫病、眩晕症、美尼尔氏病、帕金森病等疾病			
		3	文化程度不满初中以上			
		4	参加国家或单位安全培训考试和实际操作考试不合格			
		5	双眼裸视力均不低于0.7，无色盲，视觉障碍或听觉障碍			
		6	反应水平低于正常人，反应呆滞迟缓			
		7	特种作业无有效操作证			
		8	曾因操作失误，技能不足等造成事故后继续从事相应工作不满2年	评价出现否决项后，不再进行后续评价，禁止作业		
					熟悉（2分）	了解（1分）	不清楚（0分）
	二、专业知识	1	基本力学常识、机械常识				
		2	索具、吊具、钢丝绳的技术性能、报废标准				
		3	索具、吊具、钢丝绳的使用、保养方法				
		4	一般物件的绑、挂技术				
		5	一般吊物重量的估算				
		6	一般吊物起吊点的选择原则				

57

续表

		总体要求	熟悉（2分）	了解（1分）	不清楚（0分）
作业前评价	二、专业知识	7 各种旗语和指挥吊装信号			
		8 司索作业安全技术规程			
		9 起重作业安全技术规程			
		10 常见故障及处理措施			
		11 危险化学品相关知识			
		12 起重作业中危险因素及控制措施			
		13 典型事故案例解析			
	三、应急反应能力	1 风险辨识和危害分析相关知识			
		2 紧急情况应急避险方法			
		3 紧急情况的处置原则			
		4 自救互救知识，急救电话拨打方法			
		5 起重伤害事故救要点和应急措施			
		6 急救电话拨打方法			
	作业前评价得分	□同意现场作业（38～30分） □同意现场作业但需重点监督（30～23分） □现场清退（23分以下）			

		基本要求	优秀（4分）	合格（3分）	不合格（0分）
作业中评价	四、操作技能	1 正确使用劳动防护用品，高处作业正确采取安全措施			
		2 服从吊装指挥人员的指挥，发现不安全状况时，立即告知指挥人员			

58

第五章　汽车吊装作业评价单元划分与安全评价技术

续表

		基本要求	优秀（4分）	合格（3分）	不合格（0分）
	3	合理站位，做好安全观察与沟通，落实作业"三不伤害"原则			
	4	能够根据吊物选择相适应的吊索具，对吊索具、工具、辅助件检查			
	5	挂钩坚持"五不挂"：超重或吊物重量不明不挂，重心位置不清楚不挂，有棱刃或易滑物件无衬垫不挂，吊索具有隐患未消除或报废不挂，吊物内腔未清理或捆绑不良不挂			
		具体操作要求	优秀（2分）	合格（1分）	不合格（0分）
四、操作技能	1	检查清理场地，确定搬运路线，清除各类障碍物，落实特殊气候下作业的风险控制			
	2	起吊前检查吊物连接点是否牢固可靠，有无被连接，有无棱刃，内腔有无杂物，表面是否光滑，捆绑方法正确，无隐患			
	3	不规则物件、成批零散件捆绑正确，处理措施得当			
	4	吊物处于平稳状态，周围无阻碍物，带电体和危险地形			
	5	选择吊点与吊钩及吊物重心在同一铅垂线上，吊物处于稳定状态			
	6	挂钩需要高处作业时，采取防滑、防坠落、防坑洞措施得当			
	7	作业过程中遵守起重作业"十不吊"			
	8	拉紧钢丝绳，手扶钢丝绳方法正确			
作业中评价	9	试吊时，吊物离地不高于0.5m，及时离开危险区域，观察周边人动态			

59

续表

		具体操作要求	优秀（2分）	合格（1分）	不合格（0分）
四、操作技能	10	正式起吊时，使用引绳牵引与吊物保持一定安全距离，观察并消除有摩擦、磕碰、钩挂情况			
	11	多人吊挂同一吊物，应有专人统一负责指挥			
	12	吊物就位时，不得压在电气线路及管道或支撑不良物件上			
	13	起重物件定位固定前，不离开岗位，不在吊物悬空情况下中断工作			
	14	起重危险区域应设置标志，吊物搬运路线上严禁其他人员通行			
	15	针对不同的吊物加以不同的支撑，不准混放，悬空摆放或处于其他危险状态下			
	16	摘钩时等钢丝绳完全松弛，起钩前确认所有吊钩被摘下，人员处于安全位置，不准利用起重机抽索			
作业中评价得分		□优秀、技能娴熟、可靠性高（52～46分） □合格、满足作业要求、可靠性较高（45～36分） □不合格、基本满足作业、加强操作技能（36分以下）			

第五章　汽车吊装作业评价单元划分与安全评价技术

表 5-4　吊装指挥评价表

姓名：		岗位：		作业工况：		总分：
评价人：		评价日期：		天气情况：		

评价项目			总体要求	实际情况	熟悉（2分）	了解（1分）	合格	不清楚（0分）	清退
作业前评价	一、否决项目		评价出现否决项后，不再进行后续评价，禁止作业						
		1	年龄不满18周岁，或超过国家法定退休年龄						
		2	高处指挥吊装作业和发信号时眩晕						
		3	文化程度不满初中以上						
		4	参加国家或单位安全培训考试和实际操作考试不合格						
		5	双眼裸视力均不低于0.7，无色盲						
		6	反应水平低于正常人，反应呆滞迟缓，视觉障碍或听觉障碍						
		7	特种作业无有效操作证						
		8	曾因违章指挥、技能不足等原因造成事故后继续从事相应工作不满2年						
	二、专业知识	1	起重机相关知识，包括额定起重量、起重能力、动作、安全装置及附件						
		2	吊挂装置的知识，包括分类及优点、使用范围、检查项目、报废标准、维护保养、异常辨识等						
		3	吊装方法的知识，包括重心的确定和载荷质量的估算、不同的外形选择不同的吊装方法和吊索具、悬吊时搬运路线的选择等						
		4	一般吊物起吊点的选择原则						
		5	各种旗语和指挥信号						
		6	起重作业"十不吊"内容						

61

续表

			总体要求	熟悉（2分）	了解（1分）	不清楚（0分）
作业前评价	二、专业知识	7	起吊前"五个确认"：确认危险区域无人，确认吊具选择正确，确认吊挂安全可靠，确认物件固定牢靠，确认吊物未被连接			
		8	吊装作业的安全措施内容			
		9	吊装作业人员行为规范			
		10	起重作业中危险因素及控制措施			
		11	对典型事故案例解析			
	三、应急反应能力	1	危险因素确认和防控措施			
		2	紧急情况应急避险方法			
		3	紧急情况的处置原则			
		4	自救互救知识，急救电话拨打方法			
		5	起重伤害事故急救要点和应急措施			
		6	急救电话拨打方法			
作业前评价得分			□同意现场作业（38～30分） □同意现场作业但需重点监督（30～23分） □现场清退（23分以下）			

			基本要求	优秀（4分）	合格（3分）	不合格（0分）
作业中评价	四、操作技能	1	正确使用劳动防护用品、吊装标志、指挥哨、指挥旗、旗帜、通信器材携带齐全			
		2	指挥时人员合理站位，利于自我保护又能正常指挥作业			
		3	正确使用起重吊品运信号，与吊车司机、作业人员保持持续、良好的信息交流渠道			

第五章 汽车吊装作业评价单元划分与安全评价技术

续表

		基本要求	优秀（4分）	合格（3分）	不合格（0分）
作业中评价	4	坚持起吊前"五个确认"原则，发现隐患及时制止，风险消除在起吊前			
	5	坚持"十不吊"原则，坚决拒绝违章指令，制止他人违章			
		具体操作要求	优秀（2分）	合格（1分）	不合格（0分）
四、操作技能	1	指挥人员佩戴指挥信号服或特殊标志			
	2	熟悉起重机基本性能，向司机、作业人员进行指挥信号交底约定			
	3	明确吊装物件形状重量、吊运方法、搬运路线、周围环境、人员动态等			
	4	起吊前确认吊物未被连接			
	5	起吊前确认危险区无人			
	6	起吊前确认吊具选择正确			
	7	起吊前确认物件固定牢靠			
	8	起吊前确认吊挂安全可靠			
	9	吊装作业整个过程中，随时确认吊装状况的安全性，合理运用安全沟通与观察，关注作业环境和人员动态，做好危险因素确认和风险辨识			
	10	遇危险、紧急情况立即叫停制止			
作业中评价得分		□优秀，技能娴熟，可靠性高（40~36分） □合格，满足作业要求，可靠性较高（35~28分） □不合格，基本满足作业，加强操作技能（28分以下）			

第三节　单元二评价模型建立及评价标准

一、评价范围

汽车起重机。

二、评价方法

故障类型及影响、危险度分析法（FMECA）；安全检查表（SCL）。

三、评价依据

（1）《起重机　钢丝绳　保养、维护、检验和报废》（GB/T 5972）。
（2）《起重机械防碰装置安全技术规范》（LD 64）。
（3）《起重机械安全规程　第 1 部分：总则》（GB/T 6067.1）。
（4）《实用起重机电气技术手册》。
（5）《机动车运行安全技术条件》（GB 7258）。
（6）其他相关标准、制度、规程及事故案例等。

四、评价模型

应用故障类型及影响、危险度分析法（FMECA），重点围绕起重机钢丝绳、吊钩、安全防护装置、控制系统等关键要害部位开展评价分析，找出常见故障类型，分析故障可能存在的危害因素及风险程度，结合相关标准、制度，提出预防控制措施，作为编制现场检查表的参考依据，如表 5-5 所示。

故障类型及影响、危险度分析法应用说明如表 5-6~表 5-8 所示。

五、评价标准

移动式起重机安全检查表如表 5-9 所示。

第五章 汽车吊装作业评价单元划分与安全评价技术

表 5-5 起重机关键要害部位故障类型及影响、危险度分析评价表

评价元素	故障类型	故障影响	C1	C2	C3	C4	C5	Cs	分级	故障概率	建议措施
钢丝绳	外部断丝	导致钢丝绳强度降低、断绳	3.0	1.0	1.5	1.0	0.8	7.3	Ⅰ级	Ⅳ级	表面可见断丝在6d绳长范围或一支绳股上聚集，或出现断股立即报废，其他达到报废标准应更换
	内部断丝	在动载作用下突然断裂	3.0	1.0	0.7	1.0	0.8	6.5	Ⅱ级	Ⅱ级	出现绳径减小超出磨损量，捻距伸长，钢丝和绳股之间缺少空隙，绳股回处出现细微的褐色粉末，钢丝绳不易弯曲等弹性减小情形时，应立即报废
	弹性减小	横断面积减小、强度降低、断绳	3.0	1.0	1.5	1.3	0.8	7.6	Ⅰ级	Ⅲ级	当外层钢丝磨损达到其直径的40%，钢丝绳直径相对于公称直径减小7%或更多时，应立即报废
	外部磨损	导致钢丝绳强度降低、断绳	3.0	1.0	0.7	1.0	0.8	6.5	Ⅱ级	Ⅱ级	表面出现深坑、钢丝相当松弛等表面腐蚀，验确认有严重的内部腐蚀时，应立即报废
	内部磨损	导致钢丝绳内部应力分布不均匀	3.0	1.0	0.7	1.0	0.8	6.5	Ⅱ级	Ⅲ级	当钢丝绳出现波浪形、笼状畸变、绳股挤出、扭结，绳径局部增大、绳径局部减小、部分被压扁、弯折等严重变形时，应立即报废
	外部腐蚀										
	内部腐蚀										
	变形										
吊钩	防脱装置缺失	作业中脱钩	3.0	1.0	1.0	0.7	0.8	6.5	Ⅱ级	Ⅲ级	吊钩宜设有防止吊重意外脱钩的保险装置
	本体出现裂纹	承载后断裂	3.0	1.0	0.7	1.3	0.8	6.8	Ⅱ级	Ⅱ级	吊钩上的裂纹、磨痕等缺陷不得焊补。当有裂纹或危险断面磨损达到10%时，应立即报废
	危险断面磨损	承载后断裂	3.0	1.0	0.7	1.3	0.8	6.8	Ⅱ级	Ⅱ级	
滑轮组	轮槽磨损超标	导致钢丝绳磨损加剧	1.0	2.0	0.7	1.3	0.8	5.8	Ⅱ级	Ⅰ级	轮槽磨损达3mm、轮槽壁厚磨损达20%，轮槽底部直径减小到钢丝绳直径的50%，应更换滑轮
	无防跳槽装置	钢丝绳跳槽	1.0	2.0	0.7	0.7	0.8	5.2	Ⅱ级	Ⅱ级	滑轮应安装有防止钢丝绳跳出轮槽的装置

续表

评价元素	故障类型	故障影响	故障危险等级评价							故障概率	建议措施
			C1	C2	C3	C4	C5	Cs	分级		
制动器	制动失灵	操作失控	3.0	2.0	0.7	0.7	0.8	7.2	Ⅰ级	Ⅱ级	起升、变幅、运行、旋转机构制动器完好、可靠
超载限制器	调整标定不准	超负荷起吊引发断钩、断绳、吊车倾翻事故	3.0	2.0	1.0	0.7	0.8	7.5	Ⅰ级	Ⅲ级	超载限制器精度要求：当载荷达到额定起重量的90%时发出提示报警信号，当起重量超过额定起重量时自动切断起升动力源，并发出禁止报警信号
力矩限制器	调整标定不准	超负荷起吊引发断钩、断绳、吊车倾翻事故	3.0	2.0	1.0	0.7	0.8	7.5	Ⅰ级	Ⅲ级	力矩限制器调整精度需满足：当载荷力矩达到额定起重力矩时，能自动切断起升或变幅的动力源，并发出禁止性报警信号
上升极限位置限制器	不报警不工作	过卷扬	5.0	2.0	1.0	0.7	0.8	9.5	Ⅰ级	Ⅲ级	作业前检查调整，确保当吊具上升到极限位置时，自动切断起升的动力源，发出禁止性报警信号
下降极限位置限制器	不报警不工作	滚筒上钢丝绳抽出、吊物坠落	3.0	2.0	1.0	0.7	0.8	7.5	Ⅰ级	Ⅲ级	作业前检查调整，确保当吊具下降到极限位置时，自动切断下降的动力源，保证钢丝绳在卷筒上的缠绕不少于设计所规定的圈数（不少于两圈）
支腿回缩锁定装置	缺失	支腿意外收缩、吊车倾翻	1.0	2.0	1.5	0.7	0.8	6.0	Ⅱ级	Ⅲ级	起重作业中起重机支腿必须伸出，并使用锁定安全销锁定
回转定位装置	失效	移动时上车转动、吊车倾翻	3.0	1.0	0.7	0.7	0.8	6.2	Ⅱ级	Ⅰ级	应保证流动式起重机在行驶时，使上车保持在固定位置
倒退报警装置	故障	挤撞打击、车辆伤害	0.5	0.5	1.0	0.7	0.8	3.5	Ⅲ级	Ⅲ级	流动式起重机向倒退方向运行时，应发出清晰的报警音响信号和明灭相间的灯光信号
转盘	固定螺栓断裂	吊臂倾倒折断	3.0	2.0	0.7	1.3	0.8	7.8	Ⅰ级	Ⅰ级	定期检查转盘固定螺栓，起吊大件必须先试吊

表 5-6 故障危险等级评价参考表

故障等级	影响程度	可能造车的损失	故障评点 Cs 值
Ⅰ级	致命	可造成死亡或系统破坏	7~10
Ⅱ级	重大	可造成严重伤害、严重职业病或主系统损坏	4~7
Ⅲ级	轻微	可造成轻伤、轻职业病或次要系统损坏	2~4
Ⅳ级	较小	不会造成伤害和职业病，系统不会受到损坏	<2

表 5-7 故障评点取值参考表

评点因素	内容	评点取值
故障影响大小 $C1$	造成生命损失	5.0
	造成相当程度的损失	3.0
	元件功能有损失	1.0
	无功能损失	0.5
对系统的影响程度 $C2$	对系统造成两处以上的重大影响	2.0
	对系统造成一处以上的重大影响	1.0
	对系统无过大影响	0.5
发生频率 $C3$	容易发生	1.5
	能够发生	1.0
	不易发生	0.7
防止故障的难易程度 $C4$	不能防止	1.3
	能够防止	1.0
	易于防止	0.7
是否是新设计的工艺 $C5$	内容相当新的设计	1.2
	内容和过去相类似的设计	1.0
	内容和过去同样的设计	0.8
故障评价总取值 Cs	$Cs=C1+C2+C3+C4+C5$	

表 5-8　故障概率评价表

故障概率分级	定性评价描述	定量评级描述
Ⅰ级	故障概率很低：元件操作期间出现的机会可以忽略	元件工作期间，任何单个故障出现的概率小于全部故障概率的1%
Ⅱ级	故障概率低：元件操作期间不易出现	元件工作期间，任何单个故障出现的概率大于全部故障概率的1%而小于10%
Ⅲ级	故障概率中等：元件操作期间出现的机会为50%	元件工作期间，任何单个故障出现的概率大于全部故障概率的10%而小于20%
Ⅳ级	故障概率高：元件操作期间易于出现	元件工作期间，任何单个故障出现的概率大于全部故障概率的20%

表 5-9　移动式起重机安全检查表

车号：　　　　　　　车型：　　　　　　　驾驶员姓名：
检查人：　　　　　　检查日期：

序号	检查内容	检查结果	
1	额定起重能力是否满足现场需要	是□	否□
2	操作室雨刮器、窗户、喇叭、踏板是否完好有效	是□	否□
3	操作室操作杆是否完好有效	是□	否□
4	轮胎螺栓是否完整、是否拧紧，气压是否符合要求	是□	否□
5	刹车系统操作是否完好有效	是□	否□
6	倒车报警器是否完好	是□	否□
7	支腿固定销是否完好	是□	否□
8	支腿垫板是否符合要求	是□	否□
9	液压油面高度是否符合标准要求	是□	否□
10	油缸是否有渗漏	是□	否□

续表

序号	检查内容	检查结果	
11	液压系统运动部件是否抖动	是☐	否☐
12	液压管线是否渗漏、擦刮、磨损	是☐	否☐
13	转盘轴承间距，螺栓、螺母安装是否到位	是☐	否☐
14	平台和走道是否符合防滑要求	是☐	否☐
15	起重臂中心销是否有裂缝、润滑是否到位	是☐	否☐
16	绳鼓总成是否有裂缝、润滑是否到位	是☐	否☐
17	导向滑轮、滑轮组是否有裂缝、润滑是否到位	是☐	否☐
18	吊钩、辅钩是否完好、是否有保险装置	是☐	否☐
19	起重臂是否完好	是☐	否☐
20	主辅钩钢丝绳直径及滑轮是否符合要求	是☐	否☐
21	主辅钩钢丝绳末端连接是否符合要求	是☐	否☐
22	主辅钩钢丝绳楔座尺寸是否符合要求	是☐	否☐
23	主辅钩钢丝绳长短是否符合要求	是☐	否☐
24	主辅钩钢丝绳是否完好	是☐	否☐
25	当起重臂伸长到最大长度，臂角为最大，吊钩在最低工作点时，绳鼓上的钢丝绳是否有2圈以上	是☐	否☐
26	转动部件是否有防护罩	是☐	否☐
27	力矩限制器是否完好	是☐	否☐
28	上升极限位置限制器、上限位开关是否完好	是☐	否☐
29	下降极限位置位置限制器是否完好	是☐	否☐
30	幅度指示器、水平仪是否完好	是☐	否☐
31	消防器材是否齐全有效	是☐	否☐

第四节　单元三评价模型建立及评价标准

一、评价范围

石油钻井作业现场常用吊索具。

二、评价方法

故障类型及影响分析、安全检查表。

三、评价依据

（1）《危险化学品企业特殊作业安全规范》（GB 30871）。

（2）《钢丝绳铝合金压制接头》（GB/T 6946）。

（3）《钢丝绳吊索　插编索扣》（GB/T 16271）。

（4）《一般用途钢丝绳吊索特性和技术条件》（GB/T 16762）。

（5）《钢丝绳用普通套环》（GB/T 5974.1）。

（6）《编织吊索　安全性》（JB/T 8521）。

（7）《起重吊钩》[GB/T 10051（所有部分）]。

（8）其他相关标准、制度及事故案例。

四、评价模型

以石油及天然气钻井作业现场常用吊索具为评价对象，通过故障类型及影响分析，找出常见故障类型，分析故障原因及危害，结合相关标准提出日常辨识和控制措施，为编制检查表和提出规范管理意见提供依据，如表5-10所示。

五、评价标准

吊索具检查表如表5-11所示。

表5-10 钻井现场常用吊索具故障类型及影响分析表

分析元素	故障类型	故障影响	故障原因	故障辨识	校正/处置措施
起重钢丝绳	局部有断丝	载荷下降、容易拉断	正常磨损、防护不当	目测检查	局部可见断丝超过3根
	绳端断丝	载荷下降、容易拉断	正常磨损、防护不当	目测检查	索眼表面出现集中断丝，或断丝集中在插接处附近，插接连接绳胶中，应报废
	无规则分布断丝损坏	载荷下降、容易拉断	正常磨损、防护不当	精确测量	6倍绳径长度范围内，可见断丝超过钢丝总数的5%应报废
	局部或整体磨损	载荷下降、容易拉断	使用中的正常磨损	精确测量	直径磨损超过10%应报废或降级使用
	局部锈蚀	柔性降低、载荷下降	日常管理防护不当	目测+测量	锈蚀部位外径小于公称直径的93%应报废
	打结、扭曲、挤压	载荷下降、容易拉断	管理、使用、防护不当	精确测量	钢丝绳畸变、压破、绳芯损坏，或钢丝绳压偏超过原公称直径的20%时应报废
	钢丝绳中间有连接	应力集中、容易拉断	制造缺陷、私自改装	目测检查	必须由整根绳索制成，中间不得有接头
插编索扣的钢丝绳吊索	插编部分长度不够	承载时插编部分抽出	制造缺陷、质量检验不够	精确测量	插编长度不小于钢丝绳公称直径的10倍
	绳胶钢丝端部毛刺	可能划伤使用人员	制造缺陷、质量检验不够	目测检查	插编的绳胶钢丝端部应金属丝扎牢

续表

分析元素	故障类型	故障影响	故障原因	故障辨识	校正/处置措施
绳夹固定的钢丝绳吊索	绳夹有裂纹、变形、数量和固定不符合规定	承载后钢丝绳从绳夹中抽脱	绳夹卡反、绳夹与绳径不相符、数量、间距不够	精确测量	根据钢丝绳直径按标准要求选择绳夹数量，绳夹间距等于6～7倍钢丝绳直径
	绳夹反向安装	承载后拉断钢丝绳	设计制造缺陷	目测检查	U形螺栓管于钢丝绳尾段，卡好拧紧
金属套管压制接头钢丝绳吊索	金属套管出现裂纹	承载时金属套管断裂	质量缺陷、使用方法不当	外观检查	定期探伤，使用铝合金压制接头吊索时，金属套管不应受径向力或弯矩作用
	金属套管变形、松动	钢丝绳从金属管抽出	质量缺陷、超载使用	外观检查	压制连接强度不小于该绳最小破断拉力，被吊物重量与吊索规格匹配，起吊前试吊
吊链	局部链环拉伸	载荷下降、容易拉断	超载使用或塑性变形	目测+测量	链环伸长量达原长度5%应报废
	局部链环磨损、锈蚀	载荷下降、容易拉断	长期使用、正常磨损	目测+测量	连接接触部位磨损到直径的80%应报废
	裂纹、扭曲	载荷下降、容易拉断	超载使用或防护不当	目测检查	使用前认真检查，发现故障及时更换
起重横梁	横梁有裂痕或弯曲	负载后断裂	设计制造缺陷	目测+探伤	横梁应安全可靠、安全系数不应小于4
	各吊具分布不均匀	影响吊装物件的平衡性	设计制造缺陷、私自调整	试吊调整	横梁上的吊具应对称地分布，且横梁与吊具承载点之间的垂直距离应相等

第五章　汽车吊装作业评价单元划分与安全评价技术

续表

分析元素		故障类型	故障影响	故障原因	故障辨识	校正/处置措施
吊索具端部附件	吊带	织带（含保护套）磨损、穿孔、切口、撕断	载荷下降、容易拉断	管理、防护、使用不当	目测检查	及时报废、更换
		承载接缝绽开、缝线断	载荷下降、容易拉断	管理、防护、使用不当		按标准要求缝合修复，或报废、更换
		纤维软化、老化	弹性变小、强度减弱	管理、防护、使用不当		及时报废、更换
		出现死结	应力集中、容易拉断	私自改变、使用不当		及时报废、更换
		表面疏松、发霉变质、腐蚀、酸碱及热烧损	载荷下降、容易拉断	管理、防护、使用不当		及时报废、更换
	吊钩	表面有裂纹、折叠、锐角、过烧等缺陷	承载后可能引发断钩	超负荷使用、防护不当	目测检查	及时报废，不得在吊钩上私自钻孔、电焊
		内部裂纹或缺陷	强度降低、承载时断钩	制造缺陷、质量检验不够	探伤检验	及时报废、更换，不可修复焊接
		防脱装置损坏或缺失	使用中引发吊物脱钩	设计缺陷、使用防护不当	外观检查	损则修复，不得在吊钩上私自钻孔、电焊
		危险断面磨损、腐蚀	应力集中、承载时断钩	超载使用、管理防护不当	外观检查	危险断面磨损或腐蚀达到5%应及时报废
		钩柄产生塑性变形	断面缩小、强度降低	超载使用或质量缺陷	目测+测量	及时报废、更换
		开口度比原尺寸增大	承载后钩口拉直、断裂	超载使用、质量检验不够	目测+测量	吊钩开口度比原尺寸增加10%报废更换

73

续表

分析元素		故障类型	故障影响	故障原因	故障辨识	校正/处置措施
吊索具端部附件	卸扣	表面裂纹、过烧等缺陷	降低强度，承载后断裂	制造缺陷、使用防护不当	目测检查	卸扣及其销轴上有裂缝等严重缺陷应报废，销轴断面磨损达原尺寸5%应报废销轴、轴销螺栓（螺钉）按要求拧紧，铰链锁定
		销轴与轴套配合间隙大	退扣、脱落	磨损或使用方法不恰当	目测检查	
		销轴与轴套塑料变形	强度降低、断裂	超载使用	目测+测量	
	套环	与钢丝绳贴合不紧密	滑脱造成钢丝绳损伤	制造缺陷、检查维护不当	目测检查	包络套环的钢丝绳应贴合紧密、平整
	吊环	断面腐蚀、磨损	载荷下降、容易拉断	长期使用、正常磨损	目测+测量	连接触部位磨损超过10%应报废
		裂纹、严重扭曲	载荷下降、容易拉断	超载使用或防护不当	目测检查	使用前认真检查，发现故障及时更换
		塑性变形	载荷下降、容易拉断	超载使用塑性变形	目测+测量	局部伸长量达原长度5%应报废

表 5-11 吊索具检查表

被检查单位：　　　　　　　吊索具管理人员：　　　　　　检查表编号：
检查人：　　　　　　　　　检查日期：

序号	检查内容	检查结果
1	吊索具是否与被吊物载荷相匹配	是□ 否□
2	钢丝绳是否存在断丝、腐蚀、磨损超标，打结、扭曲、挤压变形	是□ 否□
3	插编索扣钢丝绳吊索是否符合设计规范	是□ 否□
4	绳夹固定钢丝绳吊索是否符合设计规范，绳夹有无裂纹、变形	是□ 否□
5	金属套管压制接头钢丝绳吊索金属套管是否有裂纹、变形、松动	是□ 否□
6	吊链、吊环是否存在裂纹、扭曲、变形、腐蚀、塑性变形	是□ 否□
7	起重横梁本体及辅助吊具是否存在缺陷，布置是否均匀	是□ 否□
8	吊带有无断裂、腐蚀、破损	是□ 否□
9	吊钩是否存在裂纹、腐蚀、磨损、塑性变形，自锁装置是否完好	是□ 否□
10	卸扣、吊钩上销轴、螺栓等连接是否可靠	是□ 否□
11	吊索具有无严重弯曲、挤压变形	是□ 否□
12	吊索具有无起重量标识	是□ 否□
13	吊索具是否上架、定置管理	是□ 否□
14	吊索具是否专人管理，定期检查、保养	是□ 否□
15	吊索具维修是否由专人进行	是□ 否□
16	是否存在其他影响吊装安全的缺陷	是□ 否□

第五节　单元四评价模型建立及评价标准

一、评价范围

石油钻井施工作业现场汽车吊装作业。

二、评价方法

工作安全分析法、预先危险分析法。

三、评价依据

（1）《起重机械安全技术规程》（TSG 51—2023）。
（2）《厂区吊装作业安全规程》。
（3）《起重机 安全 起重吊具》（GB/T 41098—2021）。
（4）《起重机司机安全技术考核标准》。
（5）其他标准、制度及事故案例等。

四、评价模型

以"拆卸吊装钻台偏房"为例，进行预先危险分析（PHA），如表5-12所示。

表 5-12 拆卸吊装钻台偏房预先危害分析

施工阶段	危害因素	可能性	严重性	风险等级	预防控制措施
吊车移动	车辆伤害	4	2	中度风险	回收吊臂、支腿，移动车辆专人指挥、驾驶员鸣笛警示
挂吊索、拴引绳	高处坠落	3	4	中度风险	临边作业人员系好安全带
拆除偏房连接固定	高处坠落	3	4	中度风险	临边作业人员系好安全带
	物体打击	3	3	中度风险	手工具系好尾绳，偏房下人员撤离到安全区域
起吊偏房	触电伤害	2	4	中度风险	起吊前断电，并回收电缆
	脱钩	3	5	高度风险	吊索长度满足吊绳夹角＜120°，吊钩自锁装置齐全、完好
	断钩	3	5	高度风险	吊具端部吊环、吊钩无裂纹、扭曲、严重磨损等严重缺陷
	断绳	3	5	高度风险	吊索具载荷满足要求，无腐蚀、断丝、变形等严重缺陷
	吊物坠落	3	4	中度风险	起吊前清理、固定偏房内及房顶物件，房门上锁，使用引绳控制吊物摆动
	吊车倾翻	3	5	高度风险	支腿支撑稳固、调整水平，控制吊臂仰角大于30°，平稳操作，专人指挥、用好引绳

以"拆卸井架天车头"为例，进行工作安全分析（JSA），如表5-13所示。

表5-13 吊装野营房分析工作安全分析

日期：　　　年　月　日　　　　　　编号：

单位		工作任务简述	吊装野营房	
作业负责人		作业人员	需要的特种作业人员资质	起重操作证、起重指挥证、司索证
序号	工作步骤	危害描述	危害控制措施	责任人（岗位）
1	选择吊索、吊具	吊索具断裂造成高空落物	检查吊索具，确保其载荷、长度符合要求，无断丝、变形、腐蚀等严重缺陷	司索工
2	吊车就位、打千斤腿	1.车辆伤害； 2.下陷倾覆； 3.砸伤	1.倒车专人指挥； 2.地基坚实，千斤下面垫钢板（面积不小于千斤座的3倍），支腿调水平； 3.抬垫钢板两人协调配合	1.指挥人员； 2.吊车驾驶员
3	挂绳套、试吊	1.失衡倾覆； 2.夹手	1.把吊物挂平衡；吊物不与其他固定物连接； 2.专人指挥，不要把手放在吊索与吊物之间	司索工
4	起吊移动吊物	1.吊物坠落砸伤人； 2.吊物游动碰伤人、物	1.警戒区严禁有人； 2.起吊物捆绑牢靠，无零散物； 3.吊物尽量不要高于人体	吊车驾驶员
5	放置吊物	1.压伤、夹伤； 2.压损设备、物资	1.吊物低位手扶时，肢体保持安全距离； 2.有足够空间； 3.摆放位置，清理干净无杂物	指挥人员
6	取吊具（取绳套）	绳套打扭伤人	吊索松弛后，用工具摘绳套	司索工

安全监督/现场安全员（签名）：

半定量风险矩阵评价分析方法应用说明如图5-6所示。

	后果严重性				发生可能性				
					1	2	3	4	5
	人	财物	环境	声誉	同类作业中未听说	同类作业中发生过	本单位发生过	本单位每年几次	本作业队每年几次
1	可忽略的	极小	极小	极小	1	2	3	4	5
2	轻微的	小	小	小	2	4	6	8	10
3	严重的	大	大	一定范围	3	6	9	12	15
4	个体死亡	重大	重大	国内	4	8	12	16	20
5	多人死亡	巨大	巨大	国际	5	10	15	20	25

图 5-6 半定量风险矩阵评价法

按照严重性与可能性分值乘积，确定风险大小：

（1）1～6 为低度风险，可承受。

（2）8～12 为中度风险，需重视。

（3）15～25 为高度风险，不可承受。

五、评价标准

（一）吊点设计与选择

在吊运各种物体时，为避免物体的倾斜、翻倒、变形损坏，应根据物体的形状特点、重心位置，正确选择起吊点，使物体在吊运过程中有足够的稳定性，以免发生事故。

1. 试吊法选择吊点

在一般吊装工作中，多数起重作业并不需用计算法来准确计算物体的重心位置，而是估计物体重心位置，采用低位试吊的方法来逐步找到重心，确定吊点的绑扎位置。

2. 有起吊耳环的物件

对于有起吊耳环的物件，其耳环的位置及耳环强度是经过计算确定的，因此在吊装过程中，应使用耳环作为连接物体的吊点。在吊装前应检查耳环是否完好，必要时可加保护性辅助吊索。

3. 长形物体吊点的选择

对于长形物体，若采用竖吊，则吊点应在重心之上。

用一个吊点时，吊点位置应在距离起吊端 0.3l（l 为物体长度）处，起吊时，吊钩应向长形物体下支承点方向移动，以保持吊点垂直，避免形成拖拽，产生碰撞，如图 5-7（a）所示。

如采用两个吊点时，吊点距物体两端距离为 0.2l，如图 5-7（b）所示。

采用三个吊点时，其中两端的吊点距两端的距离为 0.13l，而中间吊点的位置应在物体中心，如图 5-7（c）所示。

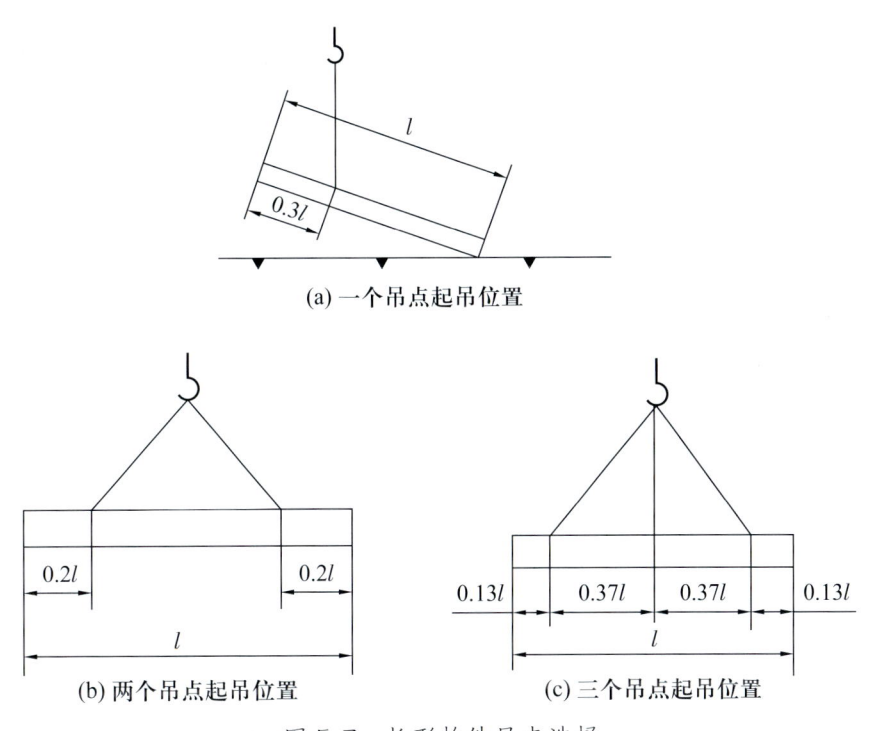

(a) 一个吊点起吊位置

(b) 两个吊点起吊位置

(c) 三个吊点起吊位置

图 5-7　长形物件吊点选择

在吊运长形刚性物体时（如预制构件）应注意，由于物体变形小或允许变形小，采用多吊点时，必须使各吊索受力尽可能均匀，避免发生物体和吊索的损坏。

4. 方形物体吊点的选择

吊装方形物体一般采用四个吊点，四个吊点位置应选择在四边对称的位置上。

5. 机械设备安装平衡辅助吊点

在机械设备安装精度要求较高时，为了保证安全顺利地装配，可采用辅助吊点配合简易吊具调节机件所需位置的吊装法。通常多采用环链手拉葫芦（注意载荷选择要匹配）来调节机体的位置，如图5-8所示。

6. 物体翻转吊运的选择

物体翻转常见的方法有兜翻，将吊点选择在物体重心之下，如图5-9（a）所示，或将吊点选择在物体重心一侧，如图5-9（b）所示。

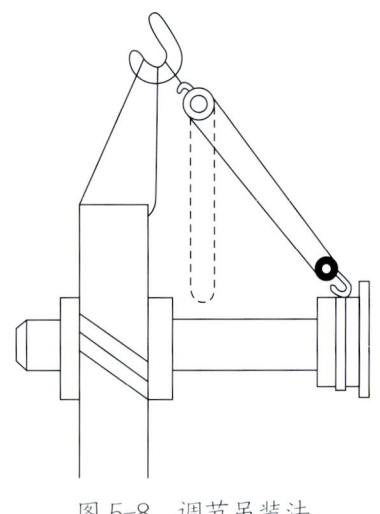

图5-8 调节吊装法

(a) 吊点在物体重心之下　　(b) 吊点在物体重心一侧

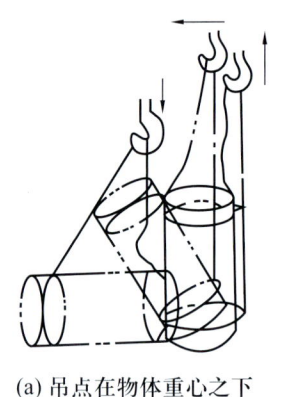

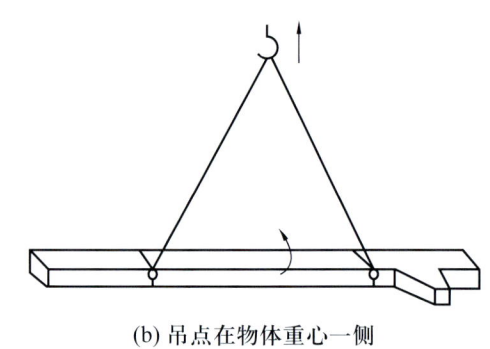

图5-9 物体兜翻

物体兜翻时应根据需要加护绳，护绳的长度应略长于物体不稳定状态时的长度，同时应指挥吊车，使吊钩顺翻倒方向移动，避免物体倾倒后的碰撞冲击。

对于大型物体翻转，一般采用绑扎后利用几组滑车或主副钩或两台起重机在空中完成翻转作业。翻转绑扎时，应根据物体的重心位置、形状特点选择吊点，使物体在空中能顺利安全翻转。

例如用主副钩对大型封头的空中翻转，在略高于封头重心相隔180°位置选两个吊装点A和B，在略低于封头重心与A、B中线垂直位置选一吊点C。主钩吊A、B两点，副钩吊C点，起升主钩使封头处在翻转作业空间内。副钩上升，用改变其重心的方法使封头开始翻转,直至封头重心越过 A、B 点,翻转完成 135°时,副钩再下降,使封头水平完成 180°空中翻转作业,如图 5-10 所示。

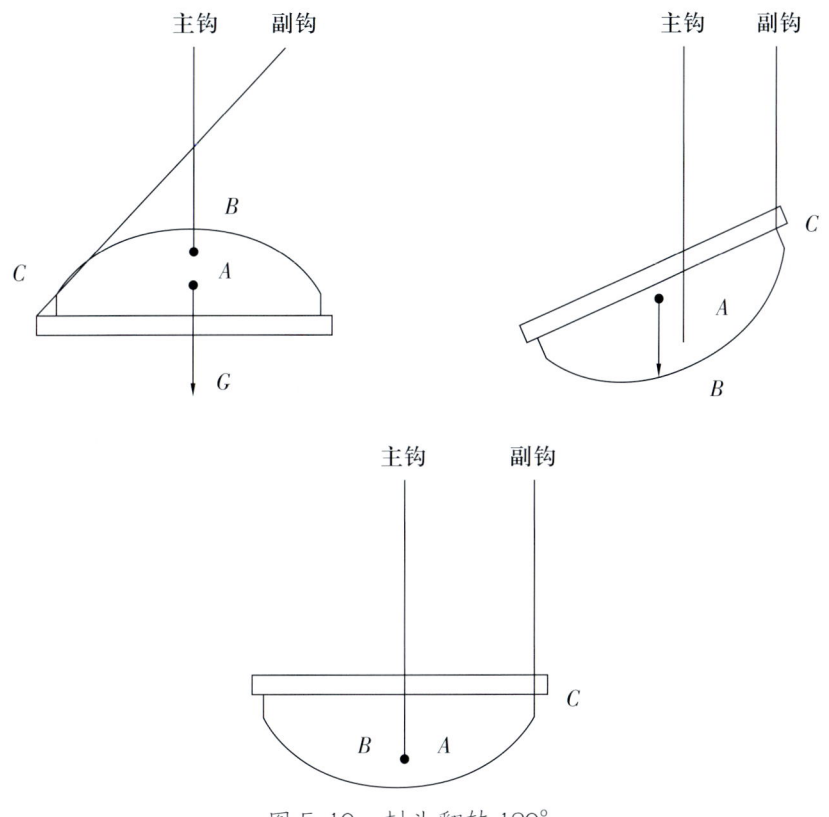

图 5-10 封头翻转 180°

物体翻转或吊运时,每个吊环、节点承受的力应满足物体的总重量。对大直径薄壁型物体和大型桁架构件吊装,应特别注意所选择吊点是否满足被吊物体整体刚度或构件结构的局部强度、刚度要求,避免起吊后发生整体变形或局部变形而造成的构件损坏。必要时应采用临时加固辅助吊具法,如 5-11 所示。

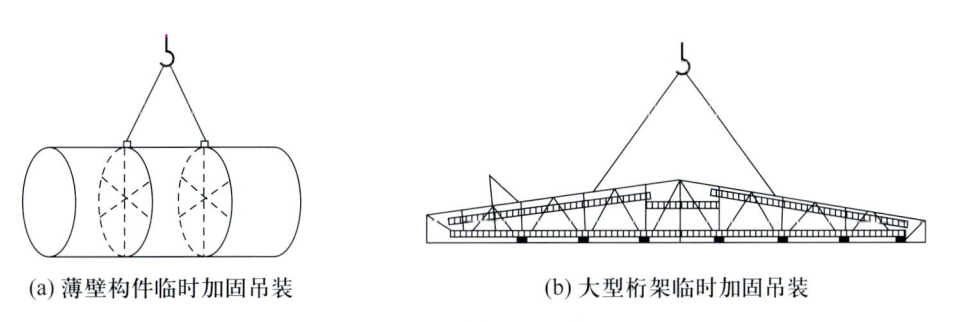

(a) 薄壁构件临时加固吊装　　(b) 大型桁架临时加固吊装

图 5-11 临时加固辅助吊具

（二）钻井作业现场关键设备吊装方案

以下设备的吊装，应纳入关键设备吊装进行管理，编制并运行关键设备吊装方案：

（1）实际起重量超过起重机额定起重能力的75%。

（2）需要一台以上的起重机起吊的。

（3）吊臂和设备与管线、设备或输电线路距离小于规定安全距离。

（4）吊臂越过障碍物起吊，操作员无法目视且仅靠指挥信号操作。

（5）起吊偏离制造商的要求，如吊臂的组成与说明书中吊臂的组合不同，使用的吊臂长度超过说明书中的规定等。

（6）气候异常，风、雨、雪、雷电、沙尘暴等。

编制关键设备吊装方案时应考虑以下因素：

（1）所吊装物体的重量、大小、形状和重心位置。

（2）吊装索具的装配和脱离方法。

（3）所吊物体上的吊装点的核准确认。

（4）吊装区域的其他危险、障碍、变幅余量空间。

（5）吊装区域内其他相冲突的作业，以及在起吊物体下操作。

（6）起吊物体转动及位置调整需要牵引绳。

（7）不利于吊装作业的环境状况，包括天气。

（8）参与作业人员的经验、能力和所受的培训。

（9）参与操作要求的人员数量控制。

（10）通信需求。

（11）单独确认吊装设备的色标代码必须可用。

利用工作安全分析法、预先危险分析法等安全评价方法，针对钻井队现场设备特点，优选吊点设计，针对20个具体项目，在充分讨论、评价、分析的基础上分别做出设备吊装方案，作为指导现场设备吊装作业的指导性文件（表5-14～表5-33）。

第五章　汽车吊装作业评价单元划分与安全评价技术

表 5-14　野营房吊装方案

吊装重量：10t				
吊装用设备及吊索具的型号、参数及色标				
25t 以上吊车 1 台，直径 19.5mm、长度 8m 钢丝绳（绿色）4 根，15m 长牵引绳 4 根				
吊装信息传达方法				
□ 对讲机		□ 口哨	□ 手势	□ 旗语
操作详述				
序号		操作要求		负责人
1		准备好吊装所需要的绳套，需要 4 根直径 19.5mm、8m 长钢丝绳		司索工
2		吊车司机根据营房所在位置，摆放吊车位置		吊车司机
3		工作人员检查被吊营房外部链接包括电路是否完全去除，营房踏板是否回收固定，房门是否锁紧		吊装指挥
4		工作人员挂好绳套和牵引绳后，指挥人员指挥吊车起吊		吊装指挥
5		吊车将营房吊至 1.5m 的高度停止操作		吊车司机
6		专人指挥卡车倒入营房附近		吊装指挥
7		吊车司机在司索工牵引下，调整营房并放到卡车上		吊车司机
8		重复 2~7 步，直至吊装完毕，清理现场		吊装指挥
备注及其他注意事项				
1. 吊装所用的绳套一定要符合标准。 2. 吊车起吊后人员一定要远离吊装工作范围。 3. 装车时工作人员严禁将手放到营房底部，防止被压伤。 4. 拴好牵引绳防止营房吊起过程中转动伤害到人或吊车。 5. 个别营房存在多个吊点，必须告知吊车司机，并共同确认使用哪个吊点。 6. 起吊前必须检查吊索吊具是否被切割，如有切割现象，必须停止吊装重新挂绳套，或在棱角处加装衬垫物。 7. 在移动过程中，工作人员要观察吊车情况，如果吊车重心不稳／野营房不平／吊车千斤离地等现象，要及时停止工作，防止发生吊车翻车事故。 8. 指挥者必须站在吊车司机易于看到的位置上，并使用标准的吊装手势，或用口哨、对讲机等作为吊装指挥信号				

表 5-15 振动筛吊装方案

吊装重量：4t			
吊装用设备及吊索具的型号、参数及色标			
25t 以上吊车 1 台，15m 长牵引绳 4 根，4 根直径 15mm、8m 长钢丝绳（绿色），4 个载荷 3.25t 的弓形卸扣			
吊装信息传达方法			
□ 对讲机	□ 口哨	□ 手势	□ 旗语
操作详述			
序号	操作要求		负责人
1	准备好吊装所需要的绳套，需要 4 根直径 15mm、8m 长钢丝绳		司索工
2	清理循环管附近物件（如放喷管线、各类线路等），根据吊装需求，对地沟加盖钢板，防止吊装期间地沟塌陷，造成吊车侧翻。检查作业现场，选定平整的地面，确保每个人了解安全区域		吊装指挥
3	拆卸振动筛固定螺钉，断开每个振动筛的所有外部链接，包括电路连线，将振动筛附近坑洞加盖，防止起吊期间人员落入		吊装指挥 机械工程师
4	吊车司机到现场对吊车停位进行确认，并进行沟通，然后将吊车停到指定的位置，打好吊车基础		吊车司机
5	工作人员挂好绳套和引绳后，指挥人员指挥吊车缓慢起吊		吊装指挥
6	吊车将震动筛吊起，工作人员拉好牵引绳		司索工
7	指挥人员指挥吊车将振动筛转移到指定地点		吊装指挥
8	专人指挥卡车进入现场，并停放到位		吊装指挥
9	指挥人员指挥吊车将振动筛摆正，平稳放到卡车上		吊车司机
10	解除吊索具，吊车吊臂离开卡车区域后，方可指挥卡车离开		吊装指挥
11	工作完毕，清理工作现场		吊装指挥
备注及其他注意事项			

1. 吊装所用的绳套一定要符合规格标准。
2. 起吊前要检查好所有固定螺钉是否拆除，每个振动筛的外部链接全部断开，包括电路。
3. 循环管附近的地沟加盖钢板，防止吊车起吊期间地沟塌陷造成车辆侧倾或侧翻。
4. 拆除 1# 循环管附近所有高空架线，防止高空线路缠绕吊物或吊装设施，引发意外。
5. 吊车起吊后人员一定要远离吊装工作范围。
6. 装车时工作人员严禁将手放到振动筛底部，防止被压伤。
7. 吊装期间，任何人发现不安全情况都可叫停

表 5-16　出口管拆卸吊装方案

吊装重量：4t
吊装用设备及吊索具的型号、参数及色标
25t 以上吊车 1 台，15m 长牵引绳 4 根，2 根直径 16mm、8m 长钢丝绳（绿色），2 个载荷 3.25t 的弓形卸扣

吊装信息传达方法			
□ 对讲机	□ 口哨	□ 手势	□ 旗语

操作详述		
序号	操作要求	负责人
1	准备好吊装所需要的绳套，需要 2 根 16mm、8m 长钢丝绳	司索工
2	人员使用保险带和差速器沿专用梯子到达泥浆出口管，使用钻台气动小绞车提住泥浆出口管，同时使用倒链进行固定	司索工
3	拆卸泥浆出口管与喇叭口的连接	司索工
4	吊车司机勘察现场决定吊车停位（钻台后侧），支好千斤支腿	吊车司机
5	使用双尾绳保险带沿支架梯子到出口管连接处挂绳套，完成后离开	司索工
5	指挥吊车缓慢上提，直至便于拆卸，停止作业	吊装指挥
6	人员使用双尾绳保险带返回出口管连接处，拆卸连接处螺栓。完成后返回地面，离开吊装区域	司索工
7	使用对讲机联系吊车和气动小绞车，上提出口管离开支架	吊装指挥
8	作业人员进入底座区域，移开支架，然后撤离人员	司索工
9	指挥吊车和气动小绞车下放第一节出口管	吊装指挥
10	后续出口管按照 4～6 步逐一高空拆卸作业，并拴好引绳	吊装指挥
11	指挥吊车提开出口管，并转移至指定位置，并根据实际情况挪走支架	吊装指挥
12	拆卸最后一节出口管时，指挥人员只能指挥吊车上提和向外摆动，严禁向振动筛方向摆动，防止伤人或碰伤设备	吊车司机
13	拆卸工作完毕，清理现场	司索工

备注及其他注意事项
1. 吊装所用的绳套一定要符合标准。 2. 高空作业人员要系好安全带，严禁攀爬在被吊物上进行拆卸作业。 3. 手工具必须拴安全绳，防止高空落物。 4. 拆卸作业开始时，严禁吊车操作。 5. 起吊前要确认所有连接和固定的螺栓已拆除。 6. 吊车起吊后人员一定要远离吊装工作范围

表 5-17　绞车吊装方案

吊装重量：47t			
吊装用设备及吊索具的型号、参数及色标			
4 根直径 36mm、8m 长钢丝绳（绿色），50t 吊车 2 台，15m 长引绳 4 根			
吊装信息传达方法			
□ 对讲机	□ 口哨	□ 手势	□ 旗语
操作详述			
序号	操作要求		负责人
1	准备好吊装所需要的绳套，需要 4 根直径 36mm、8m 长钢丝绳		司索工
2	清理底座周围杂物，填实排水沟和地面坑洞，平整场地		司索工
3	吊车司机到现场对各自的吊车停位进行确认沟通，然后发动各自吊车到指定的位置，期间由专人指挥倒车。一台在钻台底座的右侧距钻台 0.5m 处，另一台在钻台底座左侧距钻台 0.5m 处		吊车司机 吊装指挥
4	人员挂好绳套后撤离作业区域，指挥人员指挥两台吊车同步起吊		吊装指挥
5	绞车垂直离开绞车底座时，停止操作，观察吊装情况，检查吊车载荷显示情况，情况良好可以继续操作		吊车司机
6	缓慢移出绞车底座 10cm，停止操作，检查吊车载荷及力矩、扭矩变化情况，一切正常继续作业		吊车司机
7	指挥两台吊车同时向钻台外移动钻机		吊装指挥
8	钻机到达指定位置后，指挥吊车同时平稳下放钻机到地面		吊装指挥
9	工作完毕，清理工作现场		吊装指挥
备注及其他注意事项			

1. 吊装所用的绳套一定要符合规格。
2. 吊车起吊后，人员一定要远离吊装工作范围。
3. 指挥人员要站在两台吊车的司机都能清楚看见的位置。
4. 两台吊车需要紧密配合，在起吊过程中要始终保持钻机的平稳。
5. 在移动钻机过程中，工作人员要观察吊车情况，如果吊车重心不稳或钻机不平要及时停止工作，防止发生吊车翻车事故。
6. 吊车吊臂只能伸出两节，禁止伸出过长

表 5-18　转盘吊装方案

吊装重量：26t				
吊装用设备及吊索具的型号、参数及色标				
4 根直径 32mm、8m 长钢丝绳（绿色），50t 吊车 2 台，15m 长引绳 4 根				
吊装信息传达方法				
☐ 对讲机	☐ 口哨	☐ 手势	☐ 旗语
操作详述				
序号	操作要求		负责人
1	准备好吊装所需要的绳套，需要 4 根直径 32mm、8m 长钢丝绳		司索工
2	两个吊车司机到现场对各自的吊车停位进行确认、沟通，然后发动各自吊车到指定的位置，由专人指挥倒车		吊装指挥 吊车司机
3	在转盘吊点上安装好吊具、引绳后，人员撤离。指挥人员指挥吊车缓慢上提，满足拆卸固定销子要求后，停止上提		司索工 吊车司机
4	拆卸人员进入现场，拆除固定销子，拆除完毕后撤离		司索工
5	吊车司机在指挥人员指挥下继续提升，直至到达钻台面，停止提升		吊车司机
6	操作吊车将转盘摆正，然后平稳进行水平位移到钻台前方空地		吊车司机
7	倒换钢丝绳，由一台吊车进行后续吊装，人员拴好引绳后离开吊装区域		司索工
8	继续起吊前吊车司机必须再次鸣笛进行提示，然后吊车缓慢提升 10cm，观察各吊点的吊装情况。注意转盘属不规则物件，重心易发生移动		吊装指挥 吊车司机
9	一切正常后，指挥吊车吊至场地指定位置，离地 1.7m		吊车司机
10	专人指挥卡车进入现场，并停放到位		吊装指挥
11	指挥人员指挥吊车将转盘摆正，平稳放到卡车上		吊车司机
12	解除吊索具，吊车吊臂离开卡车区域后，方可指挥卡车离开		司索工
13	工作完毕，清理工作现场		司索工
备注及其他注意事项				

1. 吊装所用的绳套一定要符合标准，满足载荷要求。
2. 吊车起吊后人员一定要远离吊装工作范围。
3. 指挥者必须站在两个吊车司机都易看到的位置上，并使用标准的吊装手势。
4. 在起吊过程中要始终保持平稳。
5. 倒换吊具时禁止两台吊车同时下放吊臂，交叉作业。
6. 一台吊车提转盘时，注意钢丝绳容易在转盘处发生切割。
7. 吊车停位及旋转半径不能涉及生产井的防护设施，严禁在生产井上空进行吊装作业。
8. 严禁单腿吊具作为双腿吊具使用（即钢丝绳严禁从中间起吊）。
9. 吊装期间，任何人发现不安全情况都可叫停

表 5-19 泥浆泵吊装方案

吊装重量：36t				
吊装用设备及吊索具的型号、参数及色标				
4 根直径 29mm、8m 长钢丝绳（绿色），50t 吊车 2 台，15m 长引绳 4 根				
吊装信息传达方法				
□对讲机	□口哨		□手势	□旗语
操作详述				
序号	操作要求			负责人
1	准备并检查吊装所需要的绳套，需要 4 根直径 29mm、8m 长钢丝绳			司索工
2	清理作业区域，循环罐梯子等全部拆除并移出作业场所			司索工
3	两个吊车司机到现场进行沟通确认，然后发动各自吊车，在专人指挥下倒车到指定的位置（一台在泵的右侧距泵 1m 处，另一台在泵左下侧距泵 1m 处），司索人员挂好绳套			吊车司机
4	确认是否断开电路和外部所有连接，吊车带钢丝绳套到达泥浆泵上空指定位置。泥浆泵上无附属部件，防止起吊期间滑落			吊装指挥
5	工作人员挂好绳套后，离开吊装区域。由专人站在两个吊车司机均能看到的安全位置进行吊装指挥			司索工 吊装指挥
6	指挥人员指挥两台吊车同时同步原地起吊，离开地面 10cm 时停止操作，观察吊装情况，核实载荷，情况良好可以继续操作			吊车司机
7	摆动吊车吊臂 5～10cm，停止操作，观察吊装情况，核实载荷、力矩和扭矩是否正常，情况良好可以继续操作。			吊车司机
8	缓慢调整泥浆泵角度，已满足装车要求			吊车司机
9	调整完毕后，吊车将泥浆泵抬离地面 1.5m 左右，停止提升			吊车司机
10	指挥卡车倒行，行驶到泥浆泵附近			吊装指挥
11	吊车司机调整泥浆泵装车前必须鸣笛进行提示，指挥人员指挥吊车将泥浆泵摆正，平稳放到卡车上			吊装指挥 吊车司机
12	解除吊索具，吊车吊臂离开卡车区域后，方可指挥卡车离开			吊装指挥
13	工作完毕，清理工作现场			司索工

续表

备注及其他注意事项
1. 吊装所用的绳套一定要符合标准，满足载荷要求，防止钢丝绳被切割。 2. 泥浆泵所有外部连接必须全部断开。 3. 吊车起吊后人员一定要远离吊装工作范围。 4. 指挥者必须站在两个吊车司机都易看到的位置上，并使用标准的吊装手势。 5. 在起吊过程中两个吊车必须始终保持同步和平稳。 6. 无论在调整泥浆泵位置还是在移动过程中，工作人员要观察吊车情况，如果吊车重心不稳/泥浆泵不平/吊车千斤离地要及时停止工作，防止发生吊车翻车事故。 7. 调整泥浆泵位置和转移泥浆泵时必须注意生产井的防护设施，严禁碰撞或在生产井隔离区域上空进行吊装作业。 8. 吊装期间，任何人发现不安全情况都可叫停

表 5-20　VFD 房吊装方案

吊装重量：32t				
吊装用设备及吊索具的型号、参数及色标				
4 根直径 32mm、8m 长钢丝绳（绿色），50t 吊车 2 台，15m 长引绳 4 根				
吊装信息传达方法				
□ 对讲机	□ 口哨		□ 手势	□ 旗语
操作详述				
序号	操作要求			负责人
1	准备并检查所需的 4 根直径 32mm、8m 的钢丝绳			司索工
2	清理 VFD 房附近物件，检查作业现场，选定平整的地面，打好吊车基础			司索工
3	两个吊车司机到现场对各自的吊车停位进行确认、沟通，然后发动各自吊车，由专人指挥倒车到指定的位置。工作人员挂好绳套			吊车司机 司索工
4	由电气工程师和带班队长对 VFD 房进行检查，防止起吊时线缆/电线未完全拆除，或部分连接状态未消除，而发生意外			电气工程师
5	检查确认 VFD 房的吊耳完好后挂上钢丝绳套及引绳，人员离开 VFD 房			司索工
6	由专人站在两个吊车司机均能看到的安全位置进行吊装指挥			吊装指挥
7	起吊前司机必须鸣笛进行提示，当 VFD 房离开地面 10cm 时，停止操作，观察各吊点的吊装情况			吊车司机

续表

序号	操作要求	负责人
8	继续起吊将 VFD 房抬离地面 1.7m 左右停止提升，指挥人员指挥吊车向外移动 VFD 房到指定位置	吊车司机
9	专人指挥卡车进入现场，并停放到位	吊装指挥
10	指挥人员指挥吊车在司索工牵引下，将 VFD 房摆正，平稳放到卡车上	吊装指挥
11	解除吊索具，吊车吊臂离开卡车区域后，方可指挥卡车离开	吊装指挥
12	工作完毕，清理工作现场	司索工
备注及其他注意事项		

1. 吊装所用的绳套一定要符合标准，满足载荷要求。
2. VFD 房的所有外部连接必须全部断开。
3. 吊车起吊后人员一定要远离吊装工作范围。
4. 指挥者必须站在两个吊车司机都易看到的位置上，并使用标准的吊装手势。
5. 在起吊过程中两个吊车必须始终保持同步和平稳。
6. 在移动过程中，工作人员要观察吊车情况，如果吊车重心不稳/VFD 房不平/吊车千斤离地要及时停止工作，检查排除故障，防止发生吊车翻车事故。
7. 吊车吊臂只能伸出两节，禁止伸出过长。
8. 同一吊车的吊车基础必须是相同的大小型号。
9. VFD 房的内部设备，如灭火器等要进行固定，防止在吊装过程中任其滚动倾斜。
10. 严禁单腿吊具作为双腿吊具使用（即钢丝绳严禁从中间起吊）。
11. 吊装期间，任何人发现不安全情况都可叫停

表 5-21 人字梁拆卸吊装方案

吊装重量：16t				
吊装用设备及吊索具的型号、参数及色标				
8 根直径 32mm、4m 长钢丝绳（绿色），8 根载荷 7t、2m 长吊链（绿色），16 个载荷 9.5t 弓形卸扣，15m 长牵引绳 2 根，30t 以上吊车 2 台				
吊装信息传达方法				
□对讲机	□口哨		□手势	□旗语
操作详述				
序号	操作要求			负责人
1	准备好吊装所需要的绳套，吊链和卸扣，并进行检查			司索工

第五章　汽车吊装作业评价单元划分与安全评价技术

续表

序号	操作要求	负责人
2	确定人字架前支腿销子仍处于正常工作状态。并对作业场合进行清理，满足吊车驶入和后续作业	司索工
3	两个吊车司机到现场对各自吊车停位进行确认，并与配合人员进行沟通和交底，然后发动各自吊车到指定的位置，支好千斤支腿，期间根据现场受限情况，由专人指挥倒车	吊车司机
4	工作人员在吊车吊钩上挂好绳套，吊车司机操作吊车缓慢将绳套移动到人字架上空指定位置	司索工 吊车司机
5	由两个有登高作业证人员使用双尾绳保险带，从人字架后方的梯子上到人字架顶部滑轮处	司索工
6	指定两个指挥人员分别指挥两个吊车缓慢下放吊索具至吊点，并由高空作业人员完成吊索具的安装。检查确认安装无误后，停止所有作业，待高空人员返回地面	吊装指挥 司索工
7	指定一个指挥人员，站在两个吊车司机易于看到的安全位置进行吊装指挥，并配备对讲机，以备临时沟通使用	吊装指挥
8	指挥吊车上提时，吊车司机必须鸣笛进行提示。按照指挥要求进行提升/停止作业。确定提升达到后续作业要求后，停止起升，观察吊索吊具及吊装情况	吊车司机
9	吊装情况稳定后停止起吊，保持原状。拆卸人员进入作业现场，拆除人字架前支腿固定销子。确认完全拆除后所有人员撤离出吊装区域	带班队长 TP
10	继续指挥吊车上提（吊车司机必须鸣笛进行提示）。先上提至前支腿离开固定点并后摆，然后两个吊车按照指挥，同步平稳地前摆，前支腿开始向后支腿方向缓慢移动 注意：此步骤的上提伴随有向后方摆动的趋势，吊车容易出现瞬间超载现象或力矩瞬间增大现象，有拉断吊臂或损伤吊臂下的液压伸缩缸的风险，要求吊车司机在初始停位必须考虑到，否则停止作业，恢复前支腿固定，重新由第3步开始作业	吊车司机
11	一切正常情况下，按照指挥人员指挥，缓慢下放人字架，并注意吊车旋转角度及吊链的滑动情况，防止吊链突然滑动，造成吊车吊臂损伤，直至人字架放至地面	吊车司机
12	更换人字梁吊点，两台吊车吊住两侧大腿，拆卸人字梁拉筋	司索工
13	工作完毕，清理工作现场	司索工

续表

备注及其他注意事项
1. 吊装所用的绳套、吊链和卸扣一定要符合标准，满足载荷要求。 2. 吊车停位必须考虑到吊臂的摆动，以及涉及的载荷与力矩瞬间增大的风险，必须保证最大载荷与力矩在吊车安全范围内。 3. 吊车起吊后人员一定要远离吊装工作范围。 4. 指挥者必须站在两个吊车司机都易看到的位置上，并使用标准的吊装手势。 5. 在移动过程中，工作人员要观察吊车情况，如果吊车重心不稳/人字架下放速度过快/吊链滑动速度异常/吊车千斤离地等，要及时停止工作，检查排除故障，防止发生吊车翻车事故。 6. 吊车吊臂只能伸出两节，禁止伸出过长。 7. 同一吊车的吊车基础必须是相同的大小型号。 8. 严禁吊车操作楼旋转范围涉及旁边生产井的隔离防护设施。 9. 吊装期间，任何人发现不安全情况都可叫停

表 5-22 井架底座吊装方案

吊装重量：25t			
吊装用设备及吊索具的型号、参数及色标			
4 根直径 32mm、8m 长钢丝绳（绿色），15m 长牵引绳 2 根，30t 以上吊车 2 台			
吊装信息传达方法			
□ 对讲机	□ 口哨	□ 手势	□ 旗语
操作详述			
序号	操作要求		负责人
1	准备好吊装所需要的绳套，需要 4 根直径 32mm、8m 长的钢丝绳套		司索工
2	确定底座固定的物件已全部拆除，包括与之相连的拉筋		司索工
3	清理底座附近杂物，满足吊车驶入		司索工
4	两个吊车司机到现场对各自吊车停位进行确认，并与配合人员进行沟通和交底，然后发动各自吊车到指定的位置，支好千斤支腿。期间根据现场受限情况，由专人指挥倒车		吊车司机
5	吊车司机与配合人员确定上底座的吊点后，挂上绳套		司索工
6	由专人站在两个吊车司机易于看到的安全位置进行吊装指挥，并配备对讲机，以备临时沟通使用		司索工
7	指挥吊车上提时，吊车司机必须鸣笛进行提示。按照指挥要求进行提升/停止作业。确定提升达到后续作业要求后，停止起升，观察各吊点的吊装情况		吊车司机

续表

序号	操作要求	负责人
8	一切正常后，指挥吊车上提（吊车司机必须鸣笛进行提示），指挥吊车向外移动到指定位置	吊装指挥
9	专人指挥卡车进入现场，并停放到位	吊装指挥
10	指挥人员指挥吊车司机，在司索工牵引配合下，将底座摆正，平稳放到卡车上	吊车司机
11	解除吊索具，吊车吊臂离开卡车区域后，方可指挥卡车离开	司索工
12	工作完毕，清理工作现场	司索工
备注及其他注意事项		

1. 吊装所用的绳套一定要符合标准，满足载荷要求。
2. 底座的所有外部连接必须拆除，而且底座上无其他附件。
3. 吊车起吊后人员一定要远离吊装工作范围。
4. 指挥者必须站在两个吊车司机都易看到的安全位置上，并使用标准的吊装手势。
5. 在起吊过程中两个吊车必须始终保持同步和平稳。
6. 在移动过程中，工作人员要观察吊车情况，如果吊车重心不稳/底座摆动/吊车千斤离地要及时停止工作，检查排除故障，防止发生吊车翻车事故。
7. 吊车吊臂根据现场情况，禁止伸出过长。
8. 严禁底座内摆放其他物件，防止吊装期间物件滑落引发意外事件。
9. 严禁单腿吊具作为双腿吊具使用（即钢丝绳严禁从中间起吊）。
10. 吊装作业必须考虑旁边生产井的隔离防护设施，严禁触碰，严禁在生产井上空出现吊装作业。
11. 吊装期间，任何人发现不安全情况都可叫停

表 5-23 拆卸防喷器吊装方案

吊装重量：15t				
吊装用设备及吊索具的型号、参数及色标				
BOP 专用航吊，15m 长牵引绳 2 根				
吊装信息传达方法				
□对讲机	□口哨		□手势	□旗语
操作详述				
序号	操作要求			负责人
1	检查航吊的吊索吊具。机械工程师测试航吊的液压系统，钻井工程师确认 BOP 的所有控制管线已拆除			机械工程师、钻井工程师

续表

序号	操作要求	负责人
2	专人佩戴双尾绳保险带，到 BOP 上挂吊索吊具、牵引绳。确认吊索吊具与航吊挂好后，人员离开	司索工
3	拆卸人员拆除 BOP 底部法兰螺栓。拆除完毕后所有人员离开井口	吊装指挥
4	机械工程师平稳操作航吊上提，让 BOP 平稳离开井口 10cm，停止提升，观察吊点及 BOP 平衡情况	机械工程师
5	确定一切正常后，继续起吊，直至 BOP 底部水平高度高于底座横梁，然后停止提升	机械工程师
6	机械工程师操作航吊进行水平横移，直至航吊到达最大位移处，停止操作	机械工程师
7	检查 BOP 垂直投影，要求投影离开底座横梁	吊装指挥
8	准备 BOP 专用底座	司索工
9	机械工程师确认投影离开底座横梁后，平稳操作航吊下放 BOP，并坐于 BOP 专用底座	机械工程师
10	安装 BOP 螺栓，将 BOP 固定在专用底座上	司索工
11	暂时不拆除航吊与 BOP 上的吊索吊具，等待后续吊装作业	吊装指挥
备注及其他注意事项		

1. 吊装所用的绳套一定要符合标准。
2. 吊车起吊后人员一定要远离吊装工作范围。
3. 必须确认 BOP 外部链接全部拆除。
4. 航吊操作必须平稳缓慢，防止操作速度过快而造成 BOP 摆动，重心移动发生意外。
5. 吊装期间，任何人发现不安全情况都可叫停。

表 5-24 拆卸井架天车头吊装方案

吊装重量：10t			
吊装用设备及吊索具的型号、参数及色标			
4 根直径 21.5mm、7m 长钢丝绳（绿色），4 根载荷 7t、2m 长吊链，8 个载荷 9.5t 弓形卸扣，1m 长牵引绳 4 根，25t 以上吊车 1 台			
吊装信息传达方法			
□ 对讲机	□ 口哨	□ 手势	□ 旗语

第五章 汽车吊装作业评价单元划分与安全评价技术

续表

操作详述		
序号	操作要求	负责人
1	准备好吊装所需要的绳套，需要 4 根直径 21.5mm、7m 长钢丝绳、4 根载荷 7t、2m 长吊链和 8 个载荷 9.5t 弓形卸扣	司索工
2	清理天车头下方物件	司索工
3	吊车司机到现场对吊车停位进行确认，并与带班队长确定吊点，然后发动吊车到指定的位置，支好千斤支腿	吊车司机
4	工作人员挂好绳套后，指挥吊车将吊具提到天车头附近的指定位置	司索工
5	专人佩戴双尾绳保险带，到达天车头，在指定吊点挂上绳套和引绳，然后离开天车头	司索工
6	指挥人员指挥吊车上提，确定提升达到后续作业要求后停止操作	吊车司机
7	高空作业人员返回天车头，拆卸天车的固定螺栓，然后离开天车头	司索工
8	指挥吊车继续吊装，吊臂向天车头前方移动，让天车头离开井架，再转移到指定地点，开始下放，距离地面 1.7m 处停止	吊车司机
9	专人指挥卡车进入现场，并停放到位，卡车内摆好垫木	吊装指挥
10	指挥人员指挥吊车将天车摆正，平稳放到卡车上	吊装指挥
11	解除吊索具，吊车吊臂离开卡车区域后，方可指挥卡车离开	司索工
12	工作完毕，清理工作现场	司索工
备注及其他注意事项		

1. 吊装所用的绳套一定要符合标准。
2. 吊车起吊后人员一定要远离吊装工作范围。
3. 指挥者必须站在吊车司机易看到的位置上，并使用标准的吊装手势。
4. 在起吊过程中要始终保持平稳。
5. 拆卸固定螺栓时工具必须栓有安全绳，拆卸下的螺栓必须有防坠落措施。
6. 在移动过程中，工作人员要观察吊车情况，如果吊车重心不稳/天车头或护罩重心移动/天车头或护罩有侧翻趋势/吊车千斤离地要及时停止工作，检查排除故障，防止吊车倾翻。
7. 天车的设备，如销子等要固定牢靠，不要在吊装过程中任其滚动倾斜，防止其掉下。
8. 天车及其护罩在调离时，井架上严禁站人，防止发生碰撞时，人员坠落。
9. 吊装期间，任何人发现不安全情况都可叫停

表 5-25 钻台桌子拆卸吊装方案

吊装重量：4t			
吊装用设备及吊索具的型号、参数及色标			
4 根直径 32mm、8m 长钢丝绳（绿色），15m 长牵引绳 4 根，25t 以上吊车 1 台			
吊装信息传达方法			
□ 对讲机	□ 口哨	□ 手势	□ 旗语
操作详述			
序号	操作要求		负责人
1	准备好吊装所需要的绳套，需要 4 根直径 32mm、8m 长钢丝绳		司索工
2	吊车司机到现场对各自的吊车停位进行确认，并进行沟通，然后发动吊车到指定的位置（专人指挥倒车），支好千斤支腿		吊车司机吊装指挥
3	工作人员挂好绳套，吊车司机操作吊车，将吊具移到指定位置		吊装指挥
4	由专人站在吊车司机均能看到的安全位置进行吊装指挥		吊装指挥
5	在钻台桌子的吊点上安装好吊具和牵引绳后，人员撤离。指挥人员指挥吊车缓慢上提，满足拆卸固定销子要求后，停止上提		吊装指挥 吊车司机
6	拆卸人员进入现场，拆除固定销子，拆除完毕后撤离		司索工
7	指挥吊车鸣笛提示，继续提升，直至到达钻台面，停止提升		吊车司机
8	指挥人员指挥吊车司机在地面人员牵引配合下，将钻台桌子摆正，然后平稳进行水平位移到钻台前方空地，距离地面高度 1.7m		吊车司机
9	专人指挥卡车进入现场，并停放到位		吊装指挥
10	指挥人员指挥吊车将转盘摆正，平稳放到卡车上		吊车司机
11	解除吊索具，吊车吊臂离开卡车区域后，方可指挥卡车离开		司索工
12	工作完毕，清理工作现场		司索工
备注及其他注意事项			

1. 吊装所用的绳套一定要符合规格。
2. 要系好牵引绳，防止在吊的过程中碰到人或设备。
3. 高空作业人员要系好安全带。
4. 吊车起吊后人员一定要远离吊装工作范围。
5. 安装钻台板时候底下不能有人工作，防止落物伤人。
6. 手工具要系好安全绳。
7. 吊装期间，任何人发现不安全情况都可叫停

表 5-26 泥浆罐吊装方案

吊装重量：15t		
吊装用设备及吊索具的型号、参数及色标		
4 根直径 26mm、10m 长钢丝绳（绿色），15m 长牵引绳 4 根，25t 以上吊车 1 台		

吊装信息传达方法			
□ 对讲机	□ 口哨	□ 手势	□ 旗语

操作详述		
序号	操作要求	负责人
1	准备好吊装所需要的绳套，需要 4 根直径 26mm、8m 长的钢丝绳	司索工
2	带班队长和机械工程师、电气工程师确认把泥浆罐之间的连接管线和电缆已全部拆除，并将罐内液体清空	带班队长
3	清理循环罐附近物件（如管线、高空线缆等），根据吊装现场需求，对地沟加盖钢板，防止吊装期间地沟塌陷，造成吊车侧倾或侧翻。检查作业现场，选定平整的地面，确保每个人了解安全区域。打好吊车基础	带班队长
4	吊车司机到现场对吊车停位进行确认，然后发动吊车到指定的位置	吊车司机
5	作业人员挂好绳套和引绳后撤离吊装区域，起吊前司机必须打喇叭进行提示。如果出现由于淤泥吸附力较强，不能顺利起吊现象时，停止作业，必须进行清淤	带班队长 吊车司机
6	指挥人员指挥吊车起吊，泥浆罐离开地面 10cm 时，停止操作，观察各吊点的吊装情况	吊装指挥
7	一切正常继续起吊，直至泥浆罐抬离地面 1.7m 左右停止提升，指挥人员指挥吊车向外移动泥浆罐（司索工 4 道引绳牵引配合）	吊车司机
8	专人指挥卡车进入现场，并停放到位	吊装指挥
9	指挥人员指挥吊车将泥浆罐摆正，平稳放到卡车上	吊车司机
10	解除吊索具，吊车吊臂离开卡车区域后，方可指挥卡车离开	司索工
11	工作完毕，清理工作现场	司索工

备注及其他注意事项
1. 吊装所用的绳套一定要符合标准。
2. 吊车起吊后人员一定要远离吊装工作范围。
3. 指挥者必须站在吊车司机容易看见的位置，并使用标准的吊装手势。
4. 在起吊过程中要始终保持平稳。
5. 严禁斜拉歪吊，通过摆动吊臂解除循环罐的固定状态（淤泥堆积造成的吸附力）。
6. 在移动过程中，工作人员要观察吊车情况，如果吊车重心不稳、循环罐不平、循环罐摆动异常、吊车千斤离地等情况时，要及时停止起吊，检查排除故障，防止发生吊车倾翻事故。
7. 拆除循环管附近所有高空架线，防止转移期间高空线路缠绕吊物或吊装设施，引发意外。
8. 吊装期间，任何人发现不安全情况都可叫停

表 5-27 油罐吊装方案

吊装重量：20t		
吊装用设备及吊索具的型号、参数及色标		
4 根直径 26mm、8m 长钢丝绳（绿色），15m 长牵引绳 4 根，30t 以上吊车 1 台		
吊装信息传达方法		
□对讲机　　□口哨　　□手势　　□旗语		
操作详述		
序号	操作要求	负责人
1	准备好吊装所需要的绳套，需要 4 根直径 26mm、8m 长钢丝绳	司索工
2	吊车司机到现场对吊车停位进行确认、沟通，确定油罐的吊点，然后发动吊车到指定的位置，支好千斤支腿	吊车司机
3	检查确定每个油罐的固定和连接均已完全断开，油罐内液体清空	吊装指挥
4	配合人员负责给吊车挂绳套和牵引绳，指挥人员站在吊车司机易于看到的安全位置指挥吊车将钢丝绳摆放到指定位置	司索工
5	指挥人员指挥吊车鸣笛提示，缓慢上提，待钢丝绳贴近油罐时停止提升，配合人员给钢丝绳与油罐接触部分加垫毛毡，然后撤离	司索工
6	继续起吊前吊车司机必须再次鸣笛进行提示，待柴油罐离开地面 10cm 时，停止操作，观察吊装情况，情况良好可以继续操作	吊车司机
7	油罐提离地面 1.7m 左右停止提升，指挥人员指挥吊车向外移动柴油罐。注意按照现场情况，防止向外摆动时碰撞到水泥墙	吊车司机
8	专人指挥卡车进入现场，并停放到位	吊装指挥
9	在司索工牵引配合下，指挥吊车司机将柴油罐摆正，平稳放到卡车上	司索工 吊车司机
10	解除吊索具，吊车吊臂离开卡车区域后，方可指挥卡车离开	吊装指挥
11	工作完毕，清理工作现场	司索工
备注及其他注意事项		

1. 吊装所用的绳套一定要符合标准，满足载荷要求。
2. 油罐的所有外部连接必须全部断开，内部液体清空。
3. 钢丝绳与油罐接触部分必须加垫毛毡，防止摩擦产生静电。
4. 吊车起吊后人员一定要远离吊装工作范围。
5. 指挥者必须站在吊车司机易看到的位置上，并使用标准的吊装手势。
6. 在起吊和移动过程中，工作人员要观察吊车情况，如果吊车重心不稳、油罐摆动异常、吊车千斤离地等情况时，要及时停止起吊检查排除故障，防止发生吊车倾翻事故。
7. 卡车在倒行的过程中要有人员指挥，防止碰到人或设备。
8. 吊装期间，任何人发现不安全情况都可叫停

表 5-28　水罐吊装方案

吊装重量：7t				
吊装用设备及吊索具的型号、参数及色标				
4 根直径 19.5mm、10m 长钢丝绳（绿色），25t 吊车 1 台，15m 长牵引绳 4 根				
吊装信息传达方法				
□对讲机		□口哨	□手势	□旗语
操作详述				
序号		操作要求		负责人
1		准备好吊装所需要的绳套，需要 4 根直径 19mm、10m 长的钢丝绳		司索工
2		清理循环罐附近物件（如管线、高空线缆等），根据吊装现场需求对地沟加盖钢板，防止吊装期间地沟塌陷，造成吊车侧倾或侧翻		吊装指挥
3		确认水罐的外部连接已全部拆除，并将罐内液体清空		吊装指挥
4		吊车司机现场确认、沟通后，在专人指挥下移动吊车，停放到吊装作业需要的位置，打好千斤支腿		吊车司机 吊装指挥
5		专人佩戴双尾绳保险带到上罐挂绳套、拴引绳，完成后撤离		司索工
6		指挥吊车上提拉紧绳套至便于拆卸，停止起吊。作业人员进入作业现场，解除上罐与下罐连接，然后撤离作业现场		司索工 吊车司机
7		指挥人员指挥吊车继续起吊，待水罐离开 10cm 时，停止操作，观察各吊点的可靠情况		吊装指挥 吊车司机
8		一切正常后，指挥吊车在地面人员牵引配合下，转移水罐至指定地点，并下放至离地面 1.7m 左右高度，停止作业		吊车司机
9		专人指挥卡车进入现场，并停放到位		吊装指挥
10		指挥吊车在司索工牵引配合下，将水罐摆正，平稳放到卡车上		吊装指挥
11		解除吊索具，吊车吊臂离开卡车区域后，方可指挥卡车离开		司索工
12		给下罐挂绳套和引绳，开始按照 7～10 步吊装下罐		吊装指挥
13		工作完毕，清理工作现场		司索工
备注及其他注意事项				
1.吊装所用的绳套一定要符合规格，绳套的安全工作载荷必须足够。 2.吊车起吊后人员一定要远离吊装工作范围。 3.指挥者必须站在操作者容易看见的位置，指挥手势必须规范、清楚。 4.在起吊过程中吊车司机与地面牵引人员配合下，控制被吊物始终保持平稳。 5.在移动过程中，工作人员要观察吊车情况，如果吊车重心不稳、水罐摆动异常、吊车千斤离地等情况时，要及时停止起吊，检查排除故障，防止发生吊车倾翻事故。 6.吊车吊臂只能伸出两节，禁止伸出过长。 7.水罐里的水要提前放完，并清除罐内淤泥。 8.吊装期间，任何人发现不安全情况都可叫停				

表 5-29 钻台偏房吊装方案

吊装重量：13～15t				
吊装用设备及吊索具的型号、参数及色标				
4 根直径 26mm、8m 长钢丝绳（绿色），4 个载荷为 9.5t 卸扣，20m 以上牵引绳 4 根，30t 吊车 1 台				
吊装信息传达方法				
□ 对讲机		□ 口哨	□ 手势	□ 旗语
操作详述				
序号		操作要求		负责人
1		准备好吊装所需要的绳套，需要 4 根直径 26mm、8m 长的钢丝绳		司索工
2		根据估算移除多余工具，确保偏房及其内部工具总重量不超过吊索具及吊车限定载荷。检查固定可能滚动的工具		司索工
3		确认钻台偏房的外部连接固定已全部拆除		吊装指挥
4		清理吊装区域物件（如管线、高空线缆及杂物等），对吊装现场地沟进行掩埋或加盖钢板，防止吊装期间地沟塌陷，造成吊车侧翻		司索工
5		吊车司机到现场确认沟通后，移动吊车到指定的位置，支好千斤支腿		吊车司机
6		作业人员佩戴双尾绳保险带到钻台偏房顶部挂好绳套、拴好引绳，所有人员撤离吊装区域，起吊前司机必须鸣笛进行提示		司索工
7		指挥吊车起吊，偏房离开支架 10cm 时停止操作，检查吊索具及各吊点的可靠情况		吊车司机
8		确认正常后，指挥吊车继续上提，并转移至指定位置，然后下放至距离地面 1.7m 处停止作业		吊车司机
9		专人指挥卡车进入现场，并停放到位		吊装指挥
10		指挥人员指挥吊车在地面牵引人员配合下，将钻台偏房摆正，平稳放到卡车上		吊车司机 司索工
11		解除吊索具，吊车吊臂离开卡车区域后，方可指挥卡车离开		吊装指挥
12		工作完毕，清理工作现场		司索工
备注及其他注意事项				

1. 吊装所用的绳套一定要符合标准。
2. 吊车停位必须考虑旁边的设备，避免吊车操作楼旋转时碰撞。
3. 吊车起吊后人员一定要远离吊装工作范围。
4. 指挥者必须站在吊车司机容易看见的安全位置，并使用标准的吊装手势。
5. 在起吊过程中要始终保持平稳。
6. 在移动过程中，工作人员要观察吊车情况，如果吊重重心不稳、钻台偏房摆动异常、吊车千斤离地要及时停止工作，检查排除故障，防止发生吊车翻车事故。
7. 钻台偏房的设备，如各种手工具等要固定牢靠，不要在吊装过程中任其滚动倾斜。
8. 吊装期间，任何人发现不安全情况都可叫停

第五章　汽车吊装作业评价单元划分与安全评价技术

表 5-30　井架二层台拆卸吊装方案

吊装重量：10t				
吊装用设备及吊索具的型号、参数及色标				
4 根直径 19.5mm、6m 长钢丝绳（绿色），20t 吊车 1 台，15m 长牵引绳 4 根				
吊装信息传达方法				
□ 对讲机	□ 口哨		□ 手势	□ 旗语
操作详述				
序号	操作要求			负责人
1	准备和检查吊装所需要的绳套（4 根直径 19.5mm、6m 长的钢丝绳）			司索工
2	吊车司机到现场对吊车停位进行沟通确认，然后将吊车停到指定的位置，支好千斤支腿，配合人员将钢丝绳挂到吊钩上			吊车司机
3	指挥人员站在吊车司机易于看到的安全位置进行吊装指挥			吊装指挥
4	吊车将钢丝绳套从上空放下到指定位置后停止作业，配合人员负责将钢丝绳挂到二层台上			吊车司机 司索工
5	人员撤离后，指挥吊车上提，直至便于拆卸后停止起吊作业，用吊车将二层台提住			吊车司机
6	用扳手将 4 副 U 形卡子卸掉后，分别在二层台两侧拴好引绳，用人拉住			司索工
7	用榔头将二层台底部和井架连接的销子砸掉，拆卸人员撤离现场			司索工
8	指挥人员指挥吊车下放二层台至地面，人员解除吊索吊具			吊装指挥
9	更换吊点，拴好引绳，指挥吊车将二层台提离井架附近			吊车司机
10	转移至指定位置后，翻转二层台并放平			吊车司机
11	工作完毕，清理工作现场			司索工
备注及其他注意事项				
1. 吊装所用的绳套一定要符合标准，满足载荷要求。 2. 吊车起吊后人员一定要远离吊装工作范围。 3. 指挥者必须站在吊车司机易于看见的安全位置，并使用标准的吊装手势。 4. 拆卸二层台期间，严禁吊车进行任何操作。 5. 更换吊点后，起吊作业必须缓慢，防止二层台发生侧翻				

表 5-31 发电房吊装方案

吊装重量：28t		
吊装用设备及吊索具的型号、参数及色标		
4 根直径 32mm、8m 长钢丝绳（绿色），15m 长牵引绳 4 根，50t 吊车 1 台		
吊装信息传达方法		
□对讲机	□口哨	□手势	□旗语
操作详述		
序号	操作要求	负责人
1	准备好吊装所需要的绳套，需要 4 根直径 32mm、8m 长的钢丝绳	司索工
2	清理发电房附近物件（如远控房、供油管线等），检查作业现场，选定平整的地面，根据吊装现场需求，对有地沟的土质松软的地方加垫钢板，打好吊车基础，防止吊装期间地沟塌陷，造成吊车侧倾或侧翻	吊装指挥
3	吊车司机到现场对吊车停位进行沟通确认，然后发动吊车到指定的位置，支好千斤支腿。期间根据现场受限情况，由专人指挥倒车	吊车司机
4	由机械工程师对发电房进行检查，防止起吊时各类管线未完全拆除或部分连接状态未消除而发生意外	机械工程师
5	起吊发电房前必须由吊车司机、指挥人员和机械工程师确认吊点，然后挂上钢丝绳套，所有人员离开吊装区域	吊装指挥
6	指挥人员站在吊车司机能看到的安全位置进行吊装指挥	吊装指挥
7	起吊前司机必须鸣笛进行提示，当 CAT 房离开地面 10cm 时，停止操作，观察各吊点的可靠情况	吊车司机
8	继续起吊发电房抬离地面 1.7m 左右停止提升，指挥人员指挥吊车向外移动发电房房到指定位置	吊车司机
9	专人指挥卡车进入现场，并停放到位	吊装指挥
10	指挥吊车在牵引人员配合下，将发电房摆正，平稳放到卡车上	吊车司机
11	解除吊索具，吊车吊臂离开卡车区域后，方可指挥卡车离开	吊装指挥
12	工作完毕，清理工作现场	司索工

续表

备注及其他注意事项
1. 吊装所用的绳套一定要符合标准，满足载荷要求。 2. VFD房的所有外部连接必须全部断开。 3. 吊车起吊后人员一定要远离吊装工作范围。 4. 指挥者必须站在吊车司机易看到的位置上，并使用标准的吊装手势。 5. 在移动过程中，工作人员要观察吊车情况，如果吊车重心不稳、发电房不平、吊车千斤离地要及时停止起吊，检查排除故障，防止发生吊车翻车事故。 6. 吊车吊臂只能伸出两节，禁止伸出过长。 7. 同一吊车的吊车基础必须是相同的大小型号。 8. 发电房的内部物件必须进行固定，并关闭房门，防止在吊装过程中任其滚动倾斜。 9. 吊装期间，任何人发现不安全情况都可叫停

表5-32 液气分离器吊装方案

吊装重量：8t				
吊装用设备及吊索具的型号、参数及色标				
4根直径19.5mm、8m长钢丝绳（绿色），2个载荷为6.5t的卸扣，1台20t吊车，4根15m长牵引绳				
吊装信息传达方法				
□对讲机	□口哨		□手势	□旗语
操作详述				
序号	操作要求			负责人
1	准备好吊装所需要的绳套，需要4根直径19mm、8m长的钢丝绳			司索工
2	确认液气分离器外部连接管线和线路已全部拆除，并将罐内液体清空			吊装指挥
3	清理循环罐附近物件（如管线、高空线缆等），根据吊装现场需求，对地沟加盖钢板，防止吊装期间地沟塌陷，造成吊车侧倾或侧翻			司索工
4	吊车司机到现场对吊车停位进行沟通确认，然后移动吊车到指定的位置，支好千斤支腿			吊车司机
5	专人佩戴双尾绳保险带到液气分离器顶部挂绳套（2根直径19mm×8m钢丝绳和2个载荷为6.5t的卸扣），然后离开液气分离器			司索工
6	指挥人员指挥吊车上提，拉紧钢丝绳，然后指挥吊车将吊臂缓慢前倾，让液气分离器前倾			吊车司机
7	液气分离器前倾后，指挥吊车缓慢放至地面，调整平放位置			吊车司机
8	调整绳套吊点，使用4根直径19mm×8m钢丝绳，拴好引绳			司索工

续表

序号	操作要求	负责人
9	指挥吊车上提液气分离器离开地面10cm时，停止操作，观察各吊点的吊装情况	吊车司机
10	一切正常后，指挥吊车将液气分离器抬离地面1.7m左右停止提升	吊装指挥
11	专人指挥卡车进入现场，并停放到位	司索工
12	指挥人员指挥吊车司机，在地面牵引人员的配合下，将液气分离器摆正，平稳放到卡车上	吊车司机
13	解除吊索具，吊车吊臂离开卡车区域后，方可指挥卡车离开	司索工
14	工作完毕，清理工作现场	司索工
备注及其他注意事项		

1. 吊装所用的绳套一定要符合标准。
2. 吊车起吊后人员一定要远离吊装工作范围。
3. 指挥者必须站在吊车司机容易看见的安全位置，指挥手势必须要规范、明确。
4. 吊车停位必须考虑到吊臂的摆动，以及涉及的载荷与力矩瞬间增大的风险，必须保证最大载荷与力矩在吊车安全范围内。
5. 在移动过程中要观察吊车工作状态，如果吊车重心不稳、液气分离器不平、液气分离器摆动异常、吊车千斤离地等异常要及时停止工作，检查排除故障，防止发生吊车翻车事故。
6. 液气分离器里的水要提前放出。
7. 吊装场合附近的高架线必须提前拆除。
8. 吊装期间，任何人发现不安全情况都可叫停

表5-33　逃生滑道和液压提升机拆卸吊装方案

吊装重量：10t			
吊装用设备及吊索具的型号、参数及色标			
2根直径13mm、6m长钢丝绳（绿色），2根直径13mm、8m长钢丝绳（绿色），2根直径16mm、6m长钢丝绳（绿色），20m牵引绳2根，25t吊车1台			
吊装信息传达方法			
□对讲机	□口哨	□手势	□旗语
操作详述			
序号	操作要求		负责人
1	准备好吊装所需要2根直径13mm、6m，2根直径13mm、8m（用于逃生滑道）和2根直径16mm、6m长钢丝绳（用于液压提升机）		司索工

第五章　汽车吊装作业评价单元划分与安全评价技术

续表

序号	操作要求	负责人
2	吊车司机到现场对吊车停位进行沟通确认，然后移动吊车到指定的位置，支好千斤支腿	吊车司机
3	思索人员将吊索挂到吊车吊钩内，吊车司机操作将钢丝绳提到逃生滑道上空指定位置，然后停止作业	吊车司机
4	钻台人员使用保险带从钻台到达逃生滑道吊耳附近，将2根直径13mm×6m钢丝绳挂好后返回钻台。场地人员将2根直径13mm×8m的钢丝绳挂到逃生滑道底端的吊耳上，拴好引绳后人员撤离	司索工
5	指挥人员指挥吊车缓慢上提，直至满足钻台人员拆卸逃生滑道固定销子，停止提升	吊车司机
6	钻台人员拆卸滑道固定销子。指挥人员指挥吊车上提，让逃生滑道脱离钻台，再指挥吊车在地面牵引人员配合下，转移放至指定位置	吊车司机
7	吊车司机再次调整吊车停位，将2根直径16mm×6m长钢丝绳提到液压提升机上空指定位置	吊车司机
8	机械电器工程师负责确认液压提升机是否完全断电泄压，钻台人员负责挂钢丝绳，场地人员挂好引绳	吊装指挥
9	指挥人员指挥吊车缓慢上提，直至满足钻台人员拆卸液压提升机固定销子，停止提升	吊车司机
10	钻台人员拆卸液压提升机固定销子。指挥人员指挥吊车上提液压提升机脱离钻台，再指挥吊车司机，在地面人员牵引配合下转移放至指定位置	吊装指挥
11	工作完毕，清理工作现场	司索工
备注及其他注意事项		

1. 吊装所用的绳套一定要符合标准，满足载荷要求。
2. 吊车起吊后人员一定要远离吊装工作范围。
3. 指挥者必须站在吊车司机易于看到的位置上，并使用标准的吊装手势。
4. 在起吊过程中要始终保持平稳。
5. 在移动过程中，工作人员要观察吊车情况，如果吊车重心不稳/物件摆动异常/吊车千斤离地要及时停止工作，检查排除故障，防止发生意外碰撞或吊车倾翻事故。
6. 吊车吊臂只能伸出两节，禁止伸出过长。
7. 同一吊车的吊车基础必须是相同的大小型号。
8. 注意吊车起吊时高空是否受限，高空架线是否在0.5倍吊装半径以外。
9. 吊装期间，任何人发现不安全情况都可叫停

第六节　单元五评价模型建立及评价标准

一、评价范围

大风、沙尘暴、雨雪、冰雹、雷雨、极度高温、极度低温、夜间等恶劣气候条件下，以及泥泞地面、电网附近、道路桥梁、陡坡路面等特殊自然环境下，以及危及作业安全的工作环境下吊装作业。

二、评价方法

作业条件危险性评价（LEC）、危险和可操作性研究（HAZOP）、预先危险分析法（PHA）。

三、评价依据

（1）《生产过程危险和有害因素分类与代码》（GB/T 13861）。
（2）《生产区域吊装作业安全规范》（HG 30014）。
（3）《起重机械安全规程　第 1 部分：总则》（GB/T 6067.1）。
（4）其他标准、规章、制度及事故案例。

四、评价模型

（一）电网附近吊装作业 LEC 评价

电网附近吊装作业作业条件危险性评价表见表 5-34。

表 5-34　电网附近吊装作业作业条件危险性评价表

危害辨识	高压输电线路	
风险识别	在高压输电线路附近进行起重作业时，由于操作控制不当，吊物、吊索及起重机吊臂摆动，接触或靠近高压线时，可能引发触电伤害或电路着火	
风险评价	评价因子分值	取值说明
	事故发生的可能性：$L=6$	相当可能发生

续表

危害辨识	高压输电线路	
风险评价	暴露于危险环境频率：$E=2$	大约每月一次暴露
	危险严重程度：$C=15$	可能造成作业人员1人死亡
	风险度：$D=L\times E\times C=180$	二级，高度危险，需要立即整改
推荐做法	《起重机械安全规程》（GB/T 6067）规定：起重机工作时，臂架、吊具、辅具、钢丝绳、缆风绳及重物等，与输电线的最小距离满足如下规定：	

输电线路电压 V，kV	<1	1~35	≥60
最小安全距离，m	1.5	3	0.01（V−50）+3

（二）不良环境下吊装作业危险和可操作性研究（HAZOP）

按照常规起重作业程序：移动吊车—支打千斤—挂吊索—指挥起吊—吊物水平移位—摘钩卸载，通过危险和可操作性研究，对各环节的环境影响因素进行评价分析，如表5-35所示。

表5-35 起重作业环境因素危险和可操作性研究

作业工序	偏差	可能原因	后果	措施
移动吊车	光线不足	夜间作业、大雾、沙尘暴、暴雨（雪）	影响吊装指挥信号的准确传递，可能引发起重伤害事件	始终保持良好的照明，当作业环境不能保障指挥信号的准确传递时，必须停止起重作业
支打千斤	支撑不稳	泥泞地面、管沟、地沟、斜坡打滑	承载后基础下陷或千斤打滑，造成吊车倾翻	吊车支腿打在平整、稳固的地面或垫木上，垫木面积达到千斤面积的3倍
挂吊索	失去控制	大风、沙尘暴、暴雨（雨）	登高挂绳套时滑落跌伤	使用防滑安全鞋、安全带，风力>6级停止作业
指挥起吊	指挥信号不清	遮挡视线、照明不足	配合失误	指挥手势、旗语、口哨、对讲机等满足信息传递

续表

作业工序	偏差	可能原因	后果	措施
吊物运移	吊物失控	大风、沙尘暴、暴雨（雪）	吊物回转速度失控、吊车倾翻	地面司索工用引绳牵引，沙尘暴、暴雨及风力>6级停止作业
摘钩卸载	设备表面温度高	极端高温	摘挂吊索具时烫（冻）伤	使用劳保护具
	设备表面温度低	极端低温		
	地面不平整	地面泥泞松软、管沟、地沟、支撑物未清理	被吊物放置不稳，倾倒或滑倒	及时填埋吊装现场的管沟或加钢板，清除影响物件摆放的杂物

五、评价标准

参考《生产过程危险和有害因素分类与代码》（GB/T 13861）中列举的"环境不良"分类标准，逐一分析不良环境对野外吊装作业的危害和影响，如表5-36所示。

表5-36 吊装作业环境预先危险分析评价表

代码	危险因素		存在的主要危害	可能的后果	危险等级	控制措施
3201	恶劣气候与环境	大风、沙尘暴	风载力矩增大导致吊物摆幅异常，失去控制	吊车倾翻	Ⅳ级	6级以上大风停止室外吊装作业
		大雾	能见度降低，影响指挥信号的准确传递	操作配合失误	Ⅲ级	能见度不足时停止起重作业
3202	作业场地湿滑	雨（雪）、霜冻	能见度差影响信息沟通，设备、地面湿滑导致车辆移动困难，人员操作配合失误	挤撞打击、高处坠落、吊车倾翻	Ⅲ级	及时清理现场积水，恶劣气候条件下，不得进行室外吊装作业
		地面积水、泥泞				
3203	作业场地狭窄		吊车支腿不能完全伸出，起吊旋转、变幅受限	挤撞、吊车倾翻	Ⅲ级	合理布置吊车位置，保证作业条件
3204	作业场地杂乱		安全通道不畅，车辆移动擦刮，物件摆放不稳	挤撞打击	Ⅲ级	及时清理作业现场杂物，合理摆放

续表

代码	危险因素		存在的主要危害	可能的后果	危险等级	控制措施
3205	作业场地不平		车辆移动不便，不能保证支腿水平支撑	挤撞、吊车倾翻	Ⅲ级	及时平整场地，消除坑洞、沟渠
3208	地面开口缺陷	鼠洞口未填埋	回填不及时造成人员失足跌落，或者影响车辆移动和停放、支千斤	人员失足滑倒、车辆陷入、倾翻	Ⅲ级	作业前及时填实鼠洞口、排水沟，支打千斤时须打好方木、钢板
		排水沟未填埋				
3210	门和周界设施缺陷	设施扶手、护栏、护网不全	登高拆卸设备连接、摘挂绳套时，防护不当失足跌落；圆井无防护网，导致人员意外坠落	高处坠落	Ⅲ级	拆卸时后拆除，安装时先安装护栏、护罩，登高及临边作业用好安全带
3211	地基下沉	土质松软	影响车辆移动和停放、支千斤	吊车倾翻	Ⅱ级	平整夯实，使用吊装基础
3212	安全通道缺陷	无安全通道、安全通道不畅通	吊装指挥人员、司索工及其他作业人员工作区域受限，遇到紧急情况无法快速撤离	挤撞打击	Ⅱ级	优化吊装方案，合理摆放设备，始终保持安全通道畅通
3214	光照不良	光照不足	吊车灯光损坏或场地照明不足，致使夜间吊装作业信息传递受限，容易造成操作配合失误	挤撞打击	Ⅱ级	改善照明，否则禁止进行吊装作业
		光照过强	夜间灯光调整不当，或白天逆光作业造成炫目，致使信息传递错误、操作配合失误	挤撞打击	Ⅱ级	调整照明，重新布置吊车位置
		烟尘弥漫	大雾、沙尘暴，以及焚烧、着火造成烟气弥漫，致使信息传递受限，容易造成操作配合失误	挤撞打击	Ⅱ级	能见度不足，停止吊装作业
3215	空气不良	通风差或气流过大、缺氧、有害气体超限	受限空间作业，由于缺氧、可燃气体或有毒有害气体浓度超限，可能导致作业人员中毒、窒息或可燃气体闪爆引发火灾	中毒、窒息、火灾、爆炸	Ⅲ级	强制通风、检测、防护

续表

代码	危险因素		存在的主要危害	可能的后果	危险等级	控制措施
3216	温度不适	极端高（低）温	人员注意力下降、设备表面异常高（低）温	人员烫伤、冻伤	Ⅱ级	攀爬设备摘挂绳套时使用劳保护具
3299	其他	噪声	影响口语信号传递造成操作配合失误	挤撞打击	Ⅱ级	吊装指挥应采取口哨和手势相结合
3399	地下环境不良		地下存在暗坑、"下三线"，千斤下陷造成事故	吊车倾翻、火灾	Ⅲ级	吊车停放避开"下三线"，发现千斤下沉立即停止作业，检查排除故障

预先危险分析中危险等级划分参考依据如表 5-37 所示。

表 5-37　危险等级划分表

级别	危险程度	可能导致的后果
Ⅰ级	安全的	不会造成人员伤亡及系统破坏
Ⅱ级	临界的	处于事故的边缘状态，暂时还不至于造成人员伤亡、系统破坏或降低系统性能，但应予以排除或采取控制措施
Ⅲ级	危险的	会造成人员伤亡和系统破坏，要立即采取防范对策措施
Ⅳ级	灾难性的	造成人员重大伤亡及系统严重破坏的灾难性的事故，必须果断排除并进行重点防范

第七节　单元六评价模型建立及评价标准

一、评价范围

钻井队作业现场设备搬迁作业管理评价。

二、评价方法

故障假设/检查表分析法（WI/CA）。

三、评价依据

（1）《中华人民共和国安全生产法》。
（2）《企业安全生产标准化基本规范》（GB/T 33000）。
（3）《企业职工伤亡事故分类》（GB 6441）。
（4）《生产过程危险和有害因素分类与代码》（GB/T 13861）。
（5）《起重机械安全技术规程》（TSG 51）。
（6）《起重机 钢丝绳 保养、维护、检验和报废》（GB/T 5972）。
（7）《起重机 安全 起重吊具》（GB/T 41098）。
（8）《起重机 手势信号》（GB/T 5082）。
（9）《起重机 随车起重机安全要求》（GB/T 26473）。
（10）《大型设备吊装安全规程》（SY/T 6279）。
（11）其他法规、标准、制度及事故案例。

四、评价标准

起重作业现场管理检查评价表如表 5-38 所示。

表 5-38 起重作业现场管理检查评价表

项目	评价内容	依据标准	检查结果
人员管理	起重机司机持证上岗	《中华人民共和国安全生产法》；《企业安全生产标准化基本规范》；《企业职工伤亡事故分类》；《生产过程危险和有害因素分类与代码》；《起重机械安全技术规程》；	是□ 否□
	吊装指挥人员着信号服、持证上岗		是□ 否□
	司索工（起重工）培训、持证上岗		是□ 否□
	起重作业人员分工明确、劳保护具齐全		是□ 否□
设备管理	起重机定期检验合格	《起重机 钢丝绳 保养、维护、检验和报废》；《起重机 安全 起重吊具》；《起重机 手势信号》；《起重机 随车起重机安全要求》；《大型设备吊装安全规程》；其他法规、标准、制度及事故案例	是□ 否□
	起重臂、吊钩、滑轮系、钢丝绳、控制系统、安全装置、报警装置齐全完好		是□ 否□
	起重机起重限制载荷标识齐全、醒目		是□ 否□
	承包商设备须取得市场准入资质，并签订安全协议		是□ 否□

续表

项目	评价内容	依据标准	检查结果
吊具管理	吊索具定期检验、标识齐全，建立台档、专人管理、定点存放		是□ 否□
	吊索具选型、载荷、长度满足作业要求		是□ 否□
	吊索具及其端部附件无裂纹、断丝、断股、腐蚀、磨损、扭曲、变形等严重缺陷		是□ 否□
环境管理	作业现场地基坚实、平整，安全通道畅通，设备摆放有序，安全距离满足要求	《中华人民共和国安全生产法》；《企业安全生产标准化基本规范》；《企业职工伤亡事故分类》；《生产过程危险和有害因素分类与代码》；《起重机械安全技术规程》；《起重机 钢丝绳 保养、维护、检验和报废》；《起重机 安全 起重吊具》；《起重机 手势信号》；《起重机 随车起重机安全要求》；《大型设备吊装安全规程》；其他法规、标准、制度及事故案例	是□ 否□
	作业现场灯光照明良好，风力等气象条件满足作业要求		是□ 否□
	高处作业、临边作业人员防护到位		是□ 否□
	作业现场沟渠、坑洞填实或有效隔离，"上、下三线"标识醒目，防护到位		是□ 否□
运行管理	设备搬迁等大型吊装作业，编制运行"作业计划书"，作业前召开协调会		是□ 否□
	零星吊装作业运行"作业许可制度"		是□ 否□
	关键设备吊装运行"吊装作业方案"		是□ 否□
	作业前对起重机、吊索具、吊耳等进行检查，对起重作业人员进行能力评价		是□ 否□
	吊点设计科学、规范，吊耳焊接牢靠		是□ 否□
	作业前进行安全交底及应急知识培训		是□ 否□
	动火等高危作业运行"作业许可制度"		是□ 否□
	严格落实"十不吊"等起重作业安全规程，现场无违章指挥、违章操作现象		是□ 否□
	吊装作业现场设置警戒标志，限制非工作人员进入		是□ 否□

参 考 文 献

[1] 罗云. 注册安全工程师手册[M]. 北京：化学工业出版社，2004.
[2] 张乃禄，刘灿. 安全评价技术[M]. 西安：西安电子科技大学出版社，2007.
[3] 国家安全生产监督管理总局. 安全评价[M]. 3版. 北京：煤炭工业出版社，2005.
[4] 汪元辉. 安全系统工程[M]. 天津：天津大学出版社，1999.
[5] 陈宝智. 系统安全评价与预测[M]. 2版. 北京：冶金工业出版社，2011.
[6] 川庆长庆监督公司. 事故树分析评价技术及应用[M]. 北京：石油工业出版社，2014.